SOLIDWORKS® 公司官方指定培训教程

CSWP　全球专业认证考试培训教程

官方指定

TRAINING

SOLIDWORKS®
高级装配教程
（2022版）

[美] DS SOLIDWORKS®公司　著

(DASSAULT SYSTEMES SOLIDWORKS CORPORATION)

戴瑞华　主编

杭州新迪数字工程系统有限公司　编译

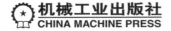

机械工业出版社

CHINA MACHINE PRESS

《SOLIDWORKS®高级装配教程（2022版）》是根据 DS SOLIDWORKS®公司发布的《SOLIDWORKS® 2022：SOLIDWORKS Assembly Modeling》编译而成的，着重介绍了使用 SOLIDWORKS 软件进行大型、复杂装配体设计的高级技巧和相关技术。本教程提供练习文件下载，详见"本书使用说明"。本教程提供 400 分钟高清语音教学视频，扫描书中二维码即可免费观看。

本教程在保留英文原版教程精华和风格的基础上，按照中国读者的阅读习惯进行编译，配套教学资料齐全，适于企业工程设计人员和大专院校、职业技术院校相关专业的师生使用。

北京市版权局著作权合同登记 图字：01-2022-3108 号。

图书在版编目（CIP）数据

SOLIDWORKS®高级装配教程：2022 版/美国 DS SOLIDWORKS®公司著；戴瑞华主编；杭州新迪数字工程系统有限公司编译. —北京：机械工业出版社，2022.10

SOLIDWORKS®公司官方指定培训教程 CSWP 全球专业认证考试培训教程

ISBN 978-7-111-71465-1

Ⅰ.①S… Ⅱ.①美…②戴…③杭… Ⅲ.①计算机辅助设计－应用软件－教材 Ⅳ.①TP391.72

中国版本图书馆 CIP 数据核字（2022）第 153799 号

机械工业出版社（北京市百万庄大街 22 号 邮政编码 100037）
策划编辑：张雁茹 责任编辑：张雁茹
责任校对：张晓蓉 李 婷 责任印制：李 昂
河北鹏盛贤印刷有限公司印刷
2022 年 10 月第 1 版第 1 次印刷
184mm×260mm · 16.5 印张 · 407 千字
标准书号：ISBN 978-7-111-71465-1
定价：59.80 元

电话服务 网络服务
客服电话：010-88361066 机 工 官 网：www.cmpbook.com
 010-88379833 机 工 官 博：weibo.com/cmp1952
 010-68326294 金 书 网：www.golden-book.com
封底无防伪标均为盗版 机工教育服务网：www.cmpedu.com

序

尊敬的中国 SOLIDWORKS 用户：

DS SOLIDWORKS® 公司很高兴为您提供这套最新的 SOLIDWORKS® 中文官方指定培训教程。我们对中国市场有着长期的承诺，自从 1996 年以来，我们就一直保持与北美地区同步发布 SOLIDWORKS 3D 设计软件的每一个中文版本。

我们感觉到 DS SOLIDWORKS® 公司与中国用户之间有着一种特殊的关系，因此也有着一份特殊的责任。这种关系是基于我们共同的价值观——创造性、创新性、卓越的技术，以及世界级的竞争能力。这些价值观一部分是由公司的共同创始人之一李向荣（Tommy Li）所建立的。李向荣是一位华裔工程师，他在定义并实施我们公司的关键性突破技术以及在指导我们的组织开发方面起到了很大的作用。

作为一家软件公司，DS SOLIDWORKS® 致力于带给用户世界一流水平的 3D 解决方案（包括设计、分析、产品数据管理、文档出版与发布），以帮助设计师和工程师开发出更好的产品。我们很荣幸地看到中国用户的数量在不断增长，大量杰出的工程师每天使用我们的软件来开发高质量、有竞争力的产品。

目前，中国正在经历一个迅猛发展的时期，从制造服务型经济转向创新驱动型经济。为了继续取得成功，中国需要相配套的软件工具。

SOLIDWORKS® 2022 是我们最新版本的软件，它在产品设计过程自动化及改进产品质量方面又提高了一步。该版本提供了许多新的功能和更多提高生产率的工具，可帮助机械设计师和工程师开发出更好的产品。

现在，我们提供了这套中文官方指定培训教程，体现出我们对中国用户长期持续的承诺。这些教程可以有效地帮助您把 SOLIDWORKS® 2022 软件在驱动设计创新和工程技术应用方面的强大威力全部释放出来。

我们为 SOLIDWORKS 能够帮助提升中国的产品设计和开发水平而感到自豪。现在您拥有了功能丰富的软件工具以及配套教程，我们期待看到您用这些工具开发出创新的产品。

Gian Paolo Bassi

DS SOLIDWORKS® 公司首席执行官

2022 年 2 月

戴瑞华　现任 DS SOLIDWORKS® 公司大中国区 CAD 事业部高级技术经理

戴瑞华先生拥有 25 年以上机械行业从业经验，曾服务于多家企业，主要负责设备、产品、模具以及工装夹具的开发和设计。其本人酷爱 3D CAD 技术，从 2001 年开始接触三维设计软件，并成为主流 3D CAD SOLIDWORKS 的软件应用工程师，先后为企业和 SOLIDWORKS 社群培训了成百上千的工程师。同时，他利用自己多年的企业研发设计经验，总结出了在中国的制造业企业应用 3D CAD 技术的最佳实践方法，为企业的信息化与数字化建设奠定了扎实的基础。

戴瑞华先生于 2005 年 3 月加入 DS SOLIDWORKS® 公司，现负责 SOLIDWORKS 解决方案在大中国地区的技术培训、支持、实施、服务及推广等，实践经验丰富。其本人一直倡导企业构建以三维模型为中心的面向创新的研发设计管理平台，实现并普及数字化设计与数字化制造，为中国企业最终走向智能设计与智能制造进行着不懈的努力与奋斗。

前　言

DS SOLIDWORKS® 公司是一家专业从事三维机械设计、工程分析、产品数据管理软件研发和销售的国际性公司。SOLIDWORKS 软件以其优异的性能、易用性和创新性，极大地提高了机械设计工程师的设计效率和设计质量，目前已成为主流 3D CAD 软件市场的标准，在全球拥有超过 600 万的用户。DS SOLIDWORKS® 公司的宗旨是：to help customers design better products and be more successful——让您的设计更精彩。

"SOLIDWORKS® 公司官方指定培训教程"是根据 DS SOLIDWORKS® 公司最新发布的 SOLID-WORKS® 2022 软件的配套英文版培训教程编译而成的，也是 CSWP 全球专业认证考试培训教程。本套教程是 DS SOLIDWORKS® 公司唯一正式授权在中国大陆地区（不包括香港、澳门特别行政区及台湾地区）出版的官方指定培训教程，也是迄今为止出版的最为完整的 SOLIDWORKS® 公司官方指定培训教程。

本套教程详细介绍了 SOLIDWORKS® 2022 软件和 Simulation 软件的功能，以及使用该软件进行三维产品设计、工程分析的方法、思路、技巧和步骤。值得一提的是，SOLIDWORKS® 2022 不仅在功能上进行了 300 多项改进，更加突出的是它在技术上的巨大进步与创新，从而可以更好地满足工程师的设计需求，带给新老用户更大的实惠！

《SOLIDWORKS® 高级装配教程（2022 版）》是根据 DS SOLIDWORKS® 公司发布的《SOLIDWORKS® 2022：SOLIDWORKS Assembly Modeling》编译而成的，着重介绍了使用 SOLIDWORKS 软件进行大型、复杂装配体设计的高级技巧和相关技术。

本套教程在保留英文原版教程精华和风格的基础上，按照中国读者的阅读习惯进行编译，使其变得直观、通俗，让初学者易上手，让高手的设计效率和质量更上一层楼！

本套教程由 DS SOLIDWORKS® 公司大中国区 CAD 事业部高级技术经理戴瑞华先生担任主编，由杭州新迪数字工程系统有限公司副总经理陈志杨负责审校。承担编译、校对和录入工作的有李鹏、于长城、张润祖、刘邵毅等杭州新迪数字工程系统有限公司的技术人员。杭州新迪数字工程系统有限公司是 DS SOLIDWROKS® 公司的密切合作伙伴，拥有一支完整的软件研发队伍和技术支持队伍，长期承担着 SOLIDWORKS 核心软件研发、客户技术支持、培训教程编译等方面的工作。本教程的操作视频由 SOLIDWORKS 高级咨询顾问李伟制作。在此，对参与本教程编译和视频制作的工作人员表示诚挚的感谢。

由于时间仓促，书中难免存在疏漏和不足之处，恳请广大读者批评指正。

戴瑞华
2022 年 3 月

本书使用说明

关于本书

本书的目的是让读者学习如何使用 SOLIDWORKS 机械设计自动化软件来建立零件和装配体的参数化模型，同时介绍如何利用这些零件和装配体来建立相应的工程图。

SOLIDWORKS® 2022 是一个功能强大的机械设计软件，而书中篇幅有限，不可能覆盖软件的每一个细节和各个方面。所以，本书将重点讲解应用 SOLIDWORKS® 2022 进行工作所必需的基本技术和主要概念。本书作为在线帮助系统的一个有益的补充，不可能完全替代软件自带的在线帮助系统。读者在对 SOLIDWORKS® 2022 软件的基本使用技能有了较好的了解之后，就能够参考在线帮助系统获得其他常用命令的信息，进而提高应用水平。

前提条件

读者在学习本书之前，应该具备如下经验：

- 机械设计经验。
- 使用 Windows 操作系统的经验。
- 已经学习了《SOLIDWORKS®零件与装配体教程（2022 版）》。

编写原则

本书是基于过程或任务的方法而设计的培训教程，并不专注于介绍单项特征和软件功能。本书强调的是完成一项特定任务所应遵循的过程和步骤。通过一个个应用实例来演示这些过程和步骤，读者将学会为完成一项特定的设计任务应采取的方法，以及所需要的命令、选项和菜单。

知识卡片

除了每章的研究实例和练习外，本书还提供了可供读者参考的"知识卡片"。这些"知识卡片"提供了软件使用工具的简单介绍和操作方法，可供读者随时查阅。

使用方法

本书的目的是希望读者在有 SOLIDWORKS 软件使用经验的教师指导下，在培训课中进行学习；希望读者通过"教师现场演示本书所提供的实例，学生跟着练习"的交互式学习方法，掌握软件的功能。

读者可以使用练习题来理解和练习书中讲解的或教师演示的内容。本书设计的练习题代表了典型的设计和建模情况，读者完全能够在课堂上完成。应该注意到，学生的学习速度是不同的，因此，书中所列出的练习题比一般读者能在课堂上完成的要多，这确保了学习能力强的读者也有练习可做。

标准、名词术语及单位

SOLIDWORKS 软件支持多种标准，如中国国家标准（GB）、美国国家标准（ANSI）、国际标准（ISO）、德国国家标准（DIN）和日本国家标准（JIS）。本书中的例子和练习基本上采用了中国国家标准（除个别为体现软件多样性的选项外）。为与软件保持一致，本书中一些名词术语、物理量符号、计量单位未与中国国家标准保持一致，请读者使用时注意。

练习文件下载方式

读者可以从网络平台下载本教程的练习文件，具体方法是：微信扫描右侧或封底的"大国技能"微信公众号，关注后输入"2022ZP"即可获取下载地址。

大国技能

VI

视频观看方式

扫描书中二维码可在线观看视频，二维码位于章节之中的"操作步骤"处。可使用手机或平板计算机扫码观看，也可复制手机或平板计算机扫码后的链接到计算机的浏览器中，用浏览器观看。

模板的使用

本书使用一些预先定义好配置的模板，这些模板也是通过有数字签名的自解压文件包的形式提供的。这些文件可从"大国技能"微信公众号下载。这些模板适用于所有 SOLIDWORKS 教程，使用方法如下：

1. 单击【工具】/【选项】/【系统选项】/【文件位置】。
2. 从下拉列表中选择文件模板。
3. 单击【添加】按钮并选择练习模板文件夹。
4. 在消息提示框中单击【确定】按钮和【是】按钮。

当文件位置被添加后，每次新建文档时就可以通过单击【高级】/【Training Templates】选项卡来使用这些模板（见下图）了。

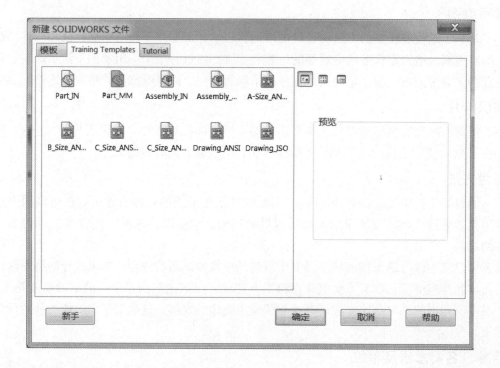

Windows 操作系统

本书所用的屏幕图片是 SOLIDWORKS® 2022 运行在 Windows® 7 和 Windows® 10 时制作的。

本书的格式约定

本书使用下表所列的格式约定：

约　定	含　义	约　定	含　义
【插入】/【凸台】	表示 SOLIDWORKS 软件命令和选项。例如，【插入】/【凸台】表示从菜单【插入】中选择【凸台】命令	⚠️ **注意**	软件使用时应注意的问题
提示 👆	要点提示	操作步骤 步骤 1 步骤 2 步骤 3	表示课程中实例设计过程的各个步骤
技巧 👌	软件使用技巧		

关于色彩的问题

SOLIDWORKS® 2022 英文原版教程是采用彩色印刷的，而我们出版的中文版教程则采用黑白印刷，所以本书对英文原版教程中出现的颜色信息做了一定的调整，以便尽可能地方便读者理解书中的内容。

更多 SOLIDWORKS 培训资源

my. solidworks. com 提供了更多的 SOLIDWORKS 内容和服务，用户可以在任何时间、任何地点，使用任何设备查看。用户也可以访问 my. solidworks. com/training，按照自己的计划和节奏来学习，以提高使用 SOLIDWORKS 的技能。

用户组网络

SOLIDWORKS 用户组网络（SWUGN）有很多功能。通过访问 swugn. org，用户可以参加当地的会议，了解 SOLIDWORKS 相关工程技术主题的演讲以及更多的 SOLIDWORKS 产品，或者与其他用户通过网络进行交流。

目　录

X

第1章 高级配合技术

学习目标
- 理解 SOLIDWORKS 装配体结构
- 理解装配体和其他文件的关联性
- 使用快捷高效的方式配合零部件
- 应用配合参考到有效的装配体中
- 使用多种高级配合和机械配合类型

1.1 SOLIDWORKS 装配体

在以前的课程中，装配体均由已经存在的零部件装配而成。装配体文件创建完成，就具有了特定的结构和求解方法。对这些概念的理解和掌握有助于用户解决在使用装配体中遇到的疑难问题。

1.1.1 装配体文件结构

对于零件文件，特征是基于历史的并且在某种程度上依赖于顺序。但在装配体中，主要的 FeatureManager 项目都是可以自由排序的装配体零部件，也可以是装配体级别的特征，如与顺序相关的切除和孔。

1.1.2 FeatureManager 设计树

FeatureManager 设计树是零件或装配体的向导列表。装配体是用设计树上的项目从上到下组建的。装配体的 FeatureManager 项目如图 1-1 所示。

1.1.3 打开的装配体

当打开装配体时，装配体文件将列出所有参考文件的列表以及最近一次保存文件的位置。装配体将全局文件夹信息载入内存，然后基于原点和参考平面确定装配体的位置。此时，所有参考文件也会被定位并载入到内存中。在接下来的章节中，将介绍特定的搜索顺序来定位这些文件。

当零部件被载入到内存中后，装配体是以配合的方式组建而成的。装配完成后，系统会计算更新夹和与时间相关的特征。这些特征要求装配体零部件的位置正确，所以其必须在装配体配合后解出。

1.1.4 文件参考

SOLIDWORKS 装配体是包含其他文件的元素的复杂文档。通过文件参考的链接关系建立的文件参考优于在多个文件之间进行复制。

被参考文件不一定要存放在参考文件的文件夹中，在大多数实际应用中，参考文件被存放在不同的位置，或在本地计算机中，或在网络中。SOLIDWORKS 提供了一些专门的工具来检测这些参考文件的存在以及存放的位置。

图 1-2 所示为 SOLIDWORKS 创建的不同类型的外部参考。其中一些是可以被链接或嵌入的。

2

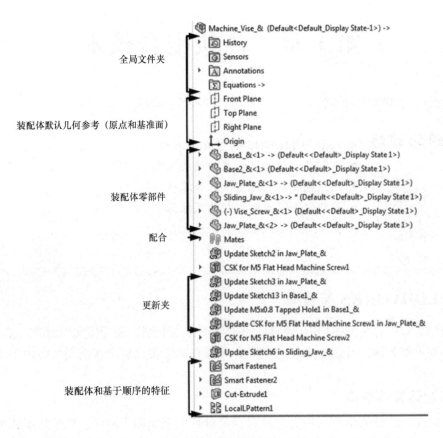

图 1-1 FeatureManager 项目

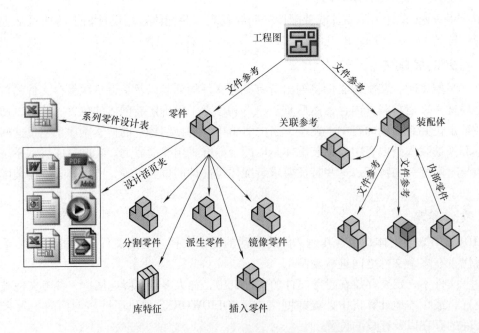

图 1-2 SOLIDWORKS 创建的不同类型的外部参考

3

1. 文件名　文件名应当是独一无二的，以避免出现错误的参考。如果用户有两个名为"bracket. sldprt"的不同零件，父文件打开时将使用搜索顺序中最先出现的那个。

2. 求解配合　配合是可以在配合组中同时解出的。因为配合是作为系统的联立方程式求解的，配合组中的配合顺序无关紧要，因此重新排序后并不影响结果。

3. 子装配体配合　装配体中添加子装配体后，子装配体被默认是刚性的，它们的内部配合是没有解出的。如果有条件要求，子装配体可以转化成柔性，这将允许子装配体之间的零件存在移动，并延伸至顶层装配体中。使子装配体成为柔性装配体，大大增加了求解的时间。因为首先要求解顶层装配体，然后再求解子装配体，最后还要确保顶层配合的解出是正确的。这样会导致很多次迭代，具体取决于柔性子装配体的数量及其复杂性。

4. 查找相关文件　在使用装配体时【查找相关文件】选项是非常重要的工具，因为它提供了该装配体的参考文件和装配体的准确位置。单击【查找相关文件】会显示【查找参考】对话框，列出使用的零部件的完整路径名称。这对于拥有多版本的零部件文件的用户特别实用。单击【文件】/【查找相关文件】，可以打开【查找参考】对话框。

5. 更新夹　零部件之间创建的外部参考特征位于 FeatureManager 设计树的最底部，零件之间的关联特征会随着更新夹特征的更新而更新。更新夹会在第 2 章中讨论。更新夹在 FeatureManager 设计树中默认是被隐藏的，用户可以通过右键单击顶层图标然后选择【显示更新夹】来显示。

6. 高级配合技术　配合是装配体建模最重要的部分之一。SOLIDWORKS 有多种向装配体中添加配合的方法。标准配合方法包括使用【配合】PropertyManager、预选配合实体和从关联工具栏中选择标准配合类型。另外，SOLIDWORKS 有很多高级工具可以让配合做得又快又好，包括智能配合和高级配合特征。

7. 快捷的配合技术　装配体在组建过程中，节省添加和配合零部件时间的方法见表1-1。

表1-1　节省添加和配合零部件时间的方法

方　法	说　明
智能配合	智能配合自动生成标准配合类型，也可以通过多种方法来调用智能配合： • 通过将配合零部件从打开的文档窗口拖动到装配体窗口中的配合零部件上的方式来添加零部件时使用智能配合 • 对于装配体中已有的零部件，按住 < Alt > 键，并拖动配合几何体到另一个几何体上 • 在【移动零部件】命令下，激活【智能配合】，通过双击来识别配合实体，并自动生成配合
配合参考	配合参考特征可以添加到被频繁使用的零部件中以自动生成配合 当插入一个带配合参考的零部件时，用户可以将零部件放到适当的配合几何体上，或者放到具有同样配合参考名称的现有装配体零部件中
多配合模式	多配合模式可以通过【配合】PropertyManager 激活来创建多个配合。例如，通过选择一个轴的直径，再从多个现有的零部件中选择配合直径，就可以在一次操作中添加多个同心配合
随配合复制	通常用【随配合复制】命令在现有的装配体零部件中生成附加实例，然后自动生成类似的配合。使用【随配合复制】命令和 PropertyManager 给复制的零部件设定新的配合参考

1.1.5　实例：快捷的配合技术

本例将装配一个简单的齿轮箱来演示智能配合和配合参考技术是如何加速配合进程的。

本节将从添加零部件到装配体以自动生成配合开始。从打开的零件窗口拖动想要配合的几何体到装配体窗口中需要配合的几何体上来生成【智能配合】。

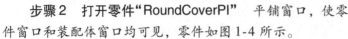
操作步骤

　　步骤 1　打开装配体　打开文件夹 Lesson01\Case Study\SmartMates 中的
装配体文件"Mates"。该装配体只包含一个零件,如图 1-3 所示。

　　步骤 2　打开零件"RoundCoverPl"　平铺窗口,使零
件窗口和装配体窗口均可见,零件如图 1-4 所示。

　　● **智能配合光标反馈**　使用智能配合时,光标会随着
位置的变化而不断更新,以提示配合的类型。对于大多数
类型来说,配合弹出工具栏会在修改和对齐配合类型时弹
出。配合对齐也可以在放下一个零部件前按 <Tab> 键更
改。光标反馈和智能配合如下:

　　1) 表示两条圆形边线配合,所选择的边线可以是
不完整的圆,此时添加的是【同心】和【重合】配合。这
个通常用于"销装入孔"的配合类型。

图 1-3　打开装配体

　　2) 表示两个圆柱面配合,也可以是配合两个圆锥面（锥度相等）
或两条轴,此时添加【同心】配合。

　　3) 表示两个基准面或平面配合,此时添加【重合】配合。

　　4) 表示两条直线边配合,也可以配合两条轴或者一条轴和一条
直线边,此时添加【重合】配合。

　　5) 表示两个顶点配合,此时添加【重合】配合。

图 1-4　打开零件

　　步骤 3　同心和重合的智能配合　如图 1-5 所示,拖动零件
"RoundCoverPl"的圆形边线到装配体窗口中,并放置在零件"ModifiedHousing"的圆形
边线上。这时,光标变成类似"销装入孔"的形状,表示将要生成【同心】配合和
【重合】配合。这时不要松开鼠标。

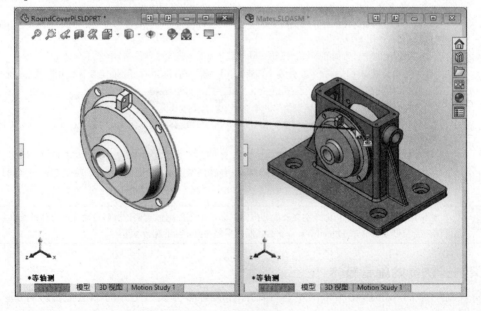

图 1-5　智能配合

在这个配合零件中包含需要配合的孔阵列，所以这是一个特殊的实例。在此情况下，<Tab>键可以用来重新排列孔阵列对齐。但在其他实例中，<Tab>键适用于反转同心和重合对齐关系。

按住<Tab>键旋转零件，将凸出的吊耳调整到下面。

技巧 当装配体处于轻化状态时，按住<Tab>键将是反转对齐状态，而不是旋转零部件。

步骤4 **放置零件** 放下零件，同时完成了向装配体中添加零件和配合的操作，如图1-6所示。

步骤5 **查看结果** 完成上述操作后，装配体中不仅添加了零件，而且同时创建了三个配合：两个【同心】和一个【重合】，如图1-7所示。

图1-6 放置零件

提示 圆形边线间的智能配合是唯一生成多种配合的智能技术。在孔阵列中，创建了多达三个配合。智能配合也适用于面对面和点对点配合。但是两者都只生成单一配合。

步骤6 **添加第二个零件** 使用相同的方法，在另一侧添加一个同样的零件，如图1-8所示。

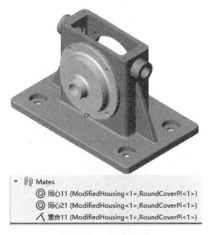

图1-7 查看结果

图1-8 添加第二个零件

步骤7 **关闭零件** 关闭零件"RoundCoverPI"，并最大化装配体文档窗口。

1.1.6 在装配体内使用智能配合

用户也可以对已经添加到装配体中的零部件使用智能配合。在拖动自由零部件的配合实体到指定位置时，使用<Alt>键可以创建各种类型的配合。

另外，用户还可以在【移动零部件】的 PropertyManager 中单击【智能配合】 来使用智能配合。在【移动零部件】命令中有两种方法可以应用智能配合：

- 双击并拖动自由零部件的配合实体到目标配合实体。
- 双击自由零部件的配合实体，然后在目标配合实体上单击。

6

步骤8　插入零件"Offset Shaft"　单击【插入零部件】，向装配体中插入零件"Offset Shaft"，如图1-9所示。

步骤9　智能配合　选择零件"Offset Shaft"的圆柱面。这样做有两个含义：

1）确定要配合的零部件。

2）确定配合实体（面）。

步骤10　使用＜Alt＞键拖动零件　按住＜Alt＞键，把轴拖动到零件"ModifiedHousing"的配合面上，如图1-10所示。开始拖动时，会出现两个现象：

1）零部件变成透明的。

2）光标显示为配合图标，表示将要创建一个配合。一旦出现此图标，就可以释放＜Alt＞键了。

图1-9　插入零件"Offset Shaft"　　　　图1-10　使用＜Alt＞键拖动零件

步骤11　放置零件　将零件拖动到外壳的孔面，同心配合时会显示反馈图标。如有需要，按＜Tab＞键反转对齐，使轴的凹槽方向如图1-11所示。放下零件，并使用配合弹出工具栏确认同心为所选的配合类型。

> **提示**　配合弹出工具栏只会在智能配合生成单个配合时出现。但如果在一次操作中不止创建一个配合（如"销装入孔"），那么就不会出现配合弹出工具栏。

步骤12　查看结果　在选中的两个圆柱面之间添加了一个同心配合，如图1-12所示。

图1-11　放置零件　　　　图1-12　查看结果

步骤13　从【移动零部件】添加智能配合　单击【移动零部件】🎛，单击【智能配合】🐾。双击"Offset Shaft"凹槽的圆形平面，如图 1-13 所示，这个平面就被确定为智能配合的第一个配合面。单击"ModifiedHousing"的配合面，或者拖到一起，使用配合弹出工具栏接受重合配合。单击【确定】完成【移动零部件】命令。

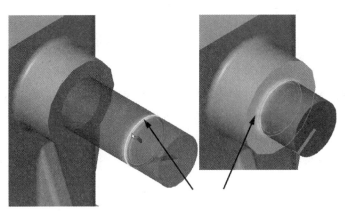

图 1-13　选择配合面

提示👆　　可以使用选择过滤器来帮助选择。<X>键是用来显示或者隐藏选择面过滤器的默认键盘快捷键。

1.2　添加配合参考

到目前为止，所接触的智能配合技术都是应用在已经打开的零件或已经加入装配体的零件中。而配合参考允许用户在不打开零件的情况下实现智能配合。通过在零件中指定一个面、线或点作为配合参考，用户就可以从 Windows 资源管理器或任务窗格中直接拖放零件生成智能配合。

配合参考的作用是为智能配合选择面、线和点。配合参考最多有三个不同的指定实体——主要参考实体、第二参考实体和第三参考实体。配合参考有两种使用方法。

用户插入带配合参考的零件时，系统会自动识别潜在的配合对象。如果主要参考实体不适用于用户在装配体指向的实体，系统将利用第二参考实体进行判断；如果主要参考实体和第二参考实体都不适用，则系统使用第三参考实体。当用户在装配体窗口移动鼠标时，如果系统找到潜在的配合对象，指针会发生改变，系统的预览会捕捉到位。

另外一种方法是创建一个名为配合参考的文件夹。这个方法被较普遍地用于零部件中。当用户插入带有名称的配合参考特征的零部件到装配体中时，包含相同名称的参考文件的零部件被找出，所有的参考将会被解出并产生多个配合。

知识卡片	配合参考	【配合参考】为智能配合识别选中的面、边或点。单个零件可以添加多个配合参考特征。
	操作方法	• CommandManager：【装配体】或【特征】/【参考几何体】🎤 /【配合参考】📎。 • 菜单：【插入】/【参考几何体】/【配合参考】。

步骤 14　添加配合参考　打开零件"Shaft"，单击【配合参考】⬛。选择圆形边线作为配合参考的【主要参考实体】并进行相应的设置，如图 1-14 所示。

【类型】：设置所创建配合的类型，本例中设为【默认】。

【对齐】：设置所创建配合的对齐方向，本例中设为【任何】。

单击【确定】✔。

> **提示**　在这个实例中不需要第二、第三参考实体，在后续更复杂的配合参考中将讲解多个参考实体的设置。

步骤 15　配合参考特征　在零件中创建配合参考以后，FeatureManager 设计树中会出现一个名为"配合参考"的文件夹，如图 1-15 所示。零件中所创建的所有配合参考都列在该文件夹中。

现在可以使用【智能配合】从 Windows 资源管理器或任务窗格中拖放零件到装配体了。

图 1-14　添加配合参考

图 1-15　配合参考特征

1.3　设计库零件

【设计库】窗格主要用于访问和保存常用的库特征、钣金成型工具及零件。设计库零件可以作为零部件拖放到装配体中，也可以作为派生零件或基体零件拖放到零件中。

步骤 16　查看设计库　在任务窗格中单击【设计库】选项卡，展开 Design Library \ parts \ hardware 文件夹，如图 1-16 所示。

> **提示**　用户可以浏览各个不同的文件夹，这和在 Windows 资源管理器中的操作是一样的。

步骤 17　添加到库　在任务窗格中单击【添加到库】⬛会出现【添加到库】对话框，单击零件作为【要添加的项目】，如图 1-17 所示。

步骤 18　命名零件　用户可以给这个设计库零件重命名或者直接单击【确定】以使用默认名。此处将该零件命名为"Shaft_DL"，并单击【确定】。

> **提示**　另一种方法是拖放零件到设计库。添加零件时，用户从 FeatureManager 设计树中拖动零件到指定的文件夹即可。

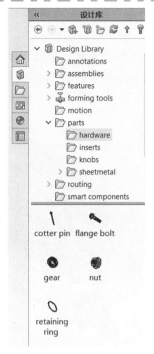

图 1-16 查看设计库　　　　　　　　　图 1-17 添加到库

步骤 19 查看结果 零件 "Shaft_DL" 被保存到了【设计库】窗格的 "hardware" 文件夹中，如图 1-18 所示。

现在，由于添加了配合参考，从【设计库】窗格拖放零件 "Shaft_DL" 到装配体时，就可以利用智能配合自动创建配合关系了。不保存更改并关闭零件 "Shaft"。

步骤 20 拖放零件 旋转装配体至其背面。从【设计库】窗格拖动零件 "Shaft_DL" 到装配体中，拖动时零件是透明的，如图 1-19 所示。

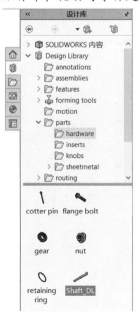

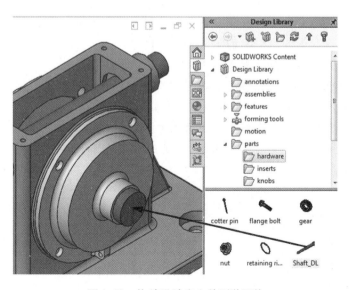

图 1-18 查看结果　　　　　　　　　图 1-19 拖放设计库文件到装配体

将零件"Shaft_DL"拖到零件"RoundCoverPI"的孔内的圆形边线上。这时会出现"销装入孔" 图标，然后放下零件。

步骤21　选择配置　由于该零件中包含多个配置，系统将弹出一个对话框。从中选择"S102B"，然后单击【确定】，如图 1-20 所示。关闭【插入零部件】的 PropertyManager。

步骤22　完成配合　零件"Shaft"现在添加了两个配合：同心和重合。但是，这个零件还没有完全定义，仍然可以转动，如图 1-21 所示。

图 1-20　选择配置

图 1-21　完成配合

1.4　捕捉配合参考

用户可以使用任何已有的配合来为零部件定义配合参考。当用户在装配体环境下编辑零部件时，【配合参考】PropertyManager 可以用来捕捉参考。仅当用户想为特定的零部件添加配合参考以便在后续使用时，才可使用此方法。

注意　　只有在装配体环境中编辑零件时，才可以捕捉参考。

步骤23　编辑零件"Offset Shaft"　单击零件"Offset Shaft"，从关联工具栏中选择【编辑零件】 。

步骤24　选择配合参考　单击【配合参考】 。

步骤25　捕捉参考　在【要捕捉的参考】中，列出了两个配合实体以及各自的配合类型，如图 1-22 所示。

步骤26　选择参考　展开参考"Face 1"，选择同心配合，该实体成为【主要参考实体】。它的配合类型和对齐方式也一同被添加。

注意　　如果选择第二个参考实体，那么配合参考将成为【第二参考实体】。第三个参考实体操作相同。

单击【确定】 并单击 返回编辑装配体模式。

图 1-22　捕捉参考

1.5　与轴和面的配合

用户可以使用光标和键盘快捷键快速访问特定的轴和参考平面，这些功能对于包括创建配合在内的许多任务都非常有用。

在创建与轴和面的配合时，用户可以以图形的方式选择与圆柱面或圆锥面相关的特定轴，也可以以图形的方式选择来自选定零部件的特定平面，如图 1-23 和图 1-24 所示。

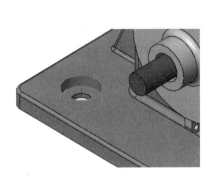
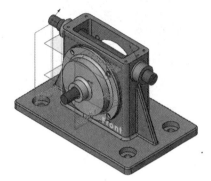

图 1-23　选择轴　　　　　　　　　　　　图 1-24　选择面

知识卡片 选择轴或平面	• 快捷菜单：将光标悬停在面上。
	• 快捷菜单：将光标悬停在零部件上或单击零部件后，按 <Q> 键。

步骤27　隐藏零件　选择前面的"RoundCoverPl"零件，按 <Tab> 键将其隐藏，如图 1-25 所示。

步骤28　添加"Worm Gear"零件　将配置为"2.5 inch"的"Worm Gear"零件添加到装配体中，如图 1-26 所示。

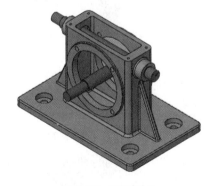
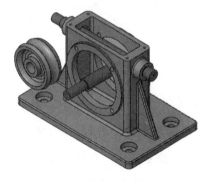

图 1-25　隐藏零件　　　　　　　　图 1-26　添加"Worm Gear"零件

步骤29　添加轴之间的配合　单击【配合】，将光标悬停在"Worm Gear"零件的内圆柱面上，选择出现的临时轴。对"Shaft_DL"零件的圆柱面执行相同操作，并添加【重合】配合。接受默认的【重合】配合并单击【确定】，如图 1-27 所示。

步骤30　选择第一个平面　下面将创建平面到平面的配合。单击【配合】，将光标悬停在"ModifiedHousing"零件上并按 <Q> 键，选择"ModifiedHousing"零件的"Front"平面，如图 1-28 所示。

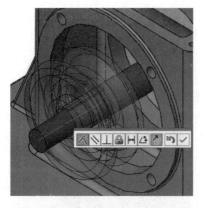

图 1-27　添加轴之间的配合

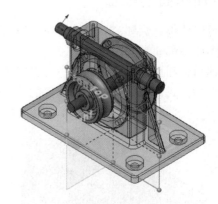

图 1-28　选择第一个平面

提示　在图形区域单击可以关闭平面的显示。

步骤 31　选择第二个平面　将光标悬停在 "Gear Mate" 零件上并按 < Q > 键，选择 "Gear Mate" 零件的 "Front" 平面，如图 1-29 所示。接受默认的【重合】配合并单击【确定】，如图 1-30 所示。

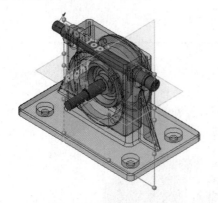

图 1-29　选择第二个平面

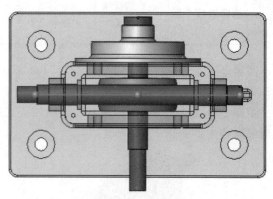

图 1-30　添加【重合】配合

提示　【对称】配合可用于替代平面与平面的配合。只有零部件具有居中的平面时才可使用。这时需要一个在两个选定平面之间的居中平面。

步骤 32　显示零件　按住 < Shift + Tab > 键，并将光标悬停在 "RoundCoverPl" 零件上以将其显示，如图 1-31 所示。

步骤 33　保存并关闭所有文件

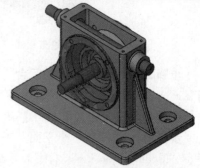

图 1-31　显示零件

1.6 多选择的配合参考

一些配合参考会包括两个或三个参考。常用的连接库零部件适合这种类型的配合参考。下面将查看一些需要使用此功能的电气零部件，放置的零部件将由配合参考完全定义，如图 1-32 所示。

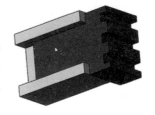

扫码看视频

图 1-32 放置电气零部件

13

操作步骤

步骤 1 打开装配体 打开文件夹 Lesson01 \ Case Study \ Mate Reference 下的已有装配体"Mate Reference"。

步骤 2 打开零件 这个装配体包含一个零件"connector（3pin）female"。打开零件，创建一个配合参考特征，命名为"插入"，并添加三个参考实体，如图 1-33 所示。单击【确定】 ✔，保存并关闭零件。

提示 一个零件中可以有多个配合参考，如图 1-34 所示。

步骤 3 打开零件 打开 Lesson01 \ Case Study \ Mate Reference 文件夹下的零件"connector（3pin）male"，如图 1-35 所示。

图 1-33 命名配合参考

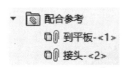

图 1-34 零件中的配合参考

图 1-35 打开零件

这个零件已经包含名为"connector"的配合参考特征和相关的参考实体。注意到该零件还包含了一个额外的配合参考特征，用于生成其他零部件的自动配合。关闭零件，不做任何更改。

步骤 4 插入零部件 返回到装配体窗口，单击【插入零部件】，单击打开文档列表里面的"connector（3pin）male"。在装配体中，将光标移至"connector（3pin）female"，当光标反馈显示为智能配合被捕捉时，单击放置零件，如图 1-36 所示。

步骤5 查看结果 使用配合参考特征里面的所有参考，三种配合关系被自动添加到两个零部件中，如图1-37所示。

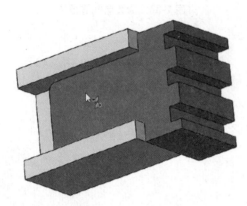

图1-36 插入零部件

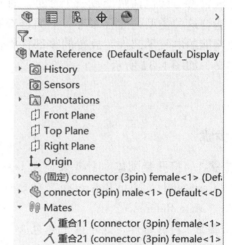

图1-37 三种配合关系

步骤6 保存并关闭所有文件

1.7 多配合模式

扫码看视频

多配合模式是指对某一个公共参考添加一系列的配合。这种模式允许用户选择单个"普通配合实体"来创建多个配合，如图1-38所示。这可以在【配合】PropertyManager 中使用。

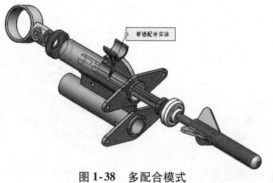

图1-38 多配合模式

操作步骤

步骤1 打开装配体 打开文件夹"Multiple Mates"下的装配体"Multiple_Mates"。该装配体包含一个已固定的零部件和5个还没有添加配合的零部件，如图1-39所示。

步骤2 选择公共面 单击【配合】，选择零部件"Main Body"的内圆柱面，如图1-40所示，然后单击【多配合模式】。

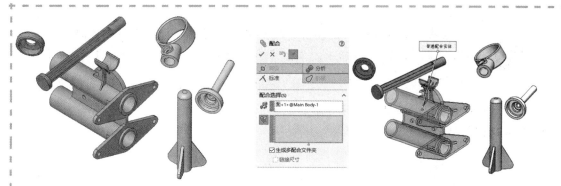

图 1-39　装配体"Multiple _ Mates"　　　　　　　　　图 1-40　选择公共面

> **提示**　如果在配合选项中勾选了【使第一个选择透明】复选框，那么零件选择时会变得透明。【生成多配合文件夹】选项是将所生成的配合分组在一个文件夹中。【链接尺寸】选项只用于距离和角度的配合。

　　步骤 3　选择零部件参考面　选择零部件"Plunger"的圆柱面，如图 1-41 所示。添加配合，如有需要单击弹出工具栏中的【反转配合对齐】。

　　不要单击【确定】。

　　步骤 4　选择其他零部件　通过单击其他圆柱面来选择其他零部件以进行配合，如图 1-42 所示。用户可以使用弹出工具栏中的【反转配合对齐】来反转对齐。在添加完所有配合后，单击【确定】。

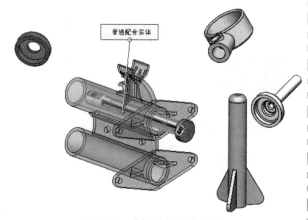

图 1-41　选择零部件参考面

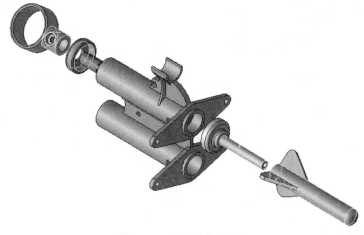

图 1-42　选择其他零部件

16

提示 配合对齐也可以在配合创建后使用。在【配合】列表框中选择将要反转的配合，如图 1-43 所示，单击【配合对齐】中的【同向对齐】或【反向对齐】。

步骤5　完成配合　移动零部件并添加配合，完成的装配体如图 1-44 所示。通过拉动拉环来测试装配体的运动。

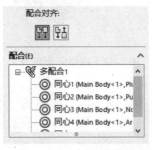

图 1-43　选择配合

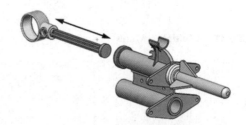

图 1-44　完成的装配体

步骤6　设置透明　将"Main Body"零件设置为透明，如图 1-45 所示。

知识卡片

自由的宽度配合	【宽度配合】中的【自由】选项，将允许"薄片"在宽度配合的范围内自由地拖动。

在本示例中，将使用关联菜单创建配合，配合结果如图 1-46 所示。

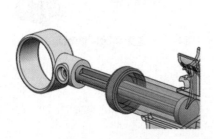

图 1-45　设置透明

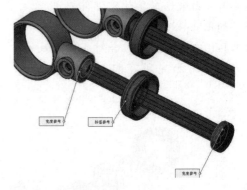

图 1-46　配合结果

提示 关键配合、零部件或特征可以添加到"收藏"文件夹中以便于访问，如图 1-47 所示。方法为右键单击该项目，然后单击【添加到收藏】。

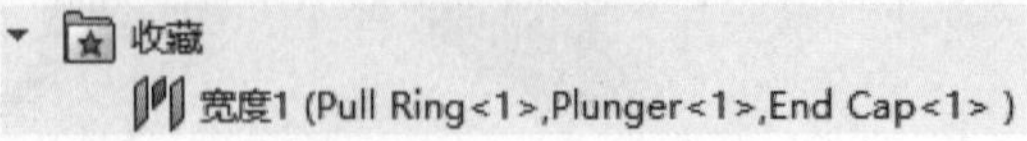

▼ 🗀 收藏
　　🔲 宽度1 (Pull Ring<1>,Plunger<1>,End Cap<1>)

图 1-47　"收藏"文件夹

步骤7　宽度配合　按住 < Ctrl > 键，同时选中如图 1-48 所示的四个面，然后单击【宽度】。

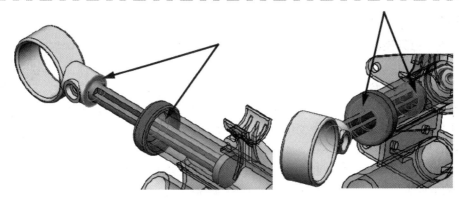

图 1-48　选择面

　　步骤 8　编辑配合　宽度配合默认的约束方式为【中心】。单击"Pull Ring"零部件以编辑【宽度】配合，如图 1-49 所示，将【约束】从【中心】修改为【自由】，单击【确定】。

图 1-49　编辑配合

　　步骤 9　查看极限位置　拖动拉环，观察运动的极限位置，如图 1-50 所示。

图 1-50　查看极限位置

　　步骤 10　保存并关闭所有文件

1.8　从动配合

　　可以设置尺寸驱动的配合为从动状态，这样不用修改配合就可以显示配合变化，如图 1-51 所示。

　　只有下面几种配合可以设置为从动：

- 【距离】和【限制距离】配合。
- 【角度】和【限制角度】配合。
- 【宽度】、【槽口】、【路径配合】中的约束限定为【距离】或【百分比】时。

图 1-51　从动设置

提示　　配合尺寸是可以在驱动和从动状态间自由切换的。

知识卡片	从动配合	• 【尺寸】的 PropertyManager：选择配合中的尺寸，切换至【其他】选项卡，在【选项】中勾选【从动】复选框。 • 快捷菜单：右键单击配合并选择【从动】。

操作步骤

步骤1 打开装配体 打开文件夹"Driven Mate Dimensions"下的装配体"A_D_Sup-port"。

步骤2 添加配合 将"center_tube"零件设置为透明。如图 1-52 所示，在零件"Internal"与"End"之间添加尺寸为 50mm 的【距离】配合。

因为限定了配合关系，零件"Internal"不能再被拖动了。

步骤3 从动配合 在 FeatureManager 设计树中展开"配合"文件夹，找到刚添加的距离配合，单击右键并选择【从动】。拖动零件"Internal"到其他位置，并双击这个距离配合显示尺寸的变化，如图 1-53 所示。

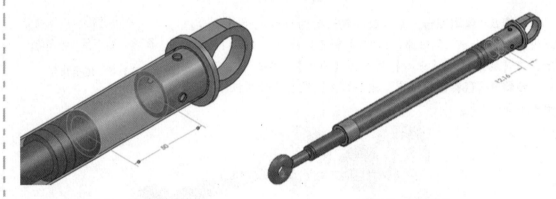

图 1-52 【距离】配合   图 1-53 从动配合

步骤4 保存和关闭所有文件

1.9 偏心配合

在孔中心距不同的两个零件间使用同心配合将会导致配合错误和一个过定义的装配体。使用偏心配合可以解决这个问题，如图 1-54 所示。

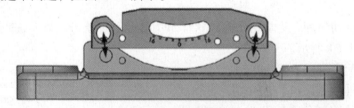

图 1-54 偏心配合

偏心配合是同心配合中的一种特殊类型，用来应对孔中心距不同的装配情况。要使用偏心配合则需要激活偏心配合的选项。设置允许的最大偏差，当配合超过最大偏差时，不能生成偏心配合，提示过定义。

知识卡片	偏心配合	• 菜单：【工具】/【选项】/【系统选项】/【装配体】/【允许创建偏心配合】。
		• 菜单：【工具】/【选项】/【文档属性】/【配合】。

偏心配合有三种对齐方式：对齐此配合、对齐链接的配合以及对称，分别对应设置当前的配合为同心，相关联的配合为同心或者两个配合都不同心，居中共同分担偏移量。

1. 对齐此配合　设置此条件则右侧正在添加的配合为同心，左侧已有的配合有 0.4mm 的偏移量，如图 1-55 所示。

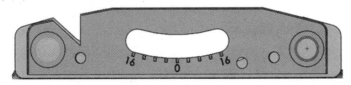

图 1-55　对齐此配合

2. 对齐链接的配合　设置此条件则左侧已有的配合为同心，右侧正在添加的配合有 0.4mm 的偏移量，如图 1-56 所示。

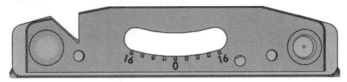

图 1-56　对齐链接的配合

3. 对称　设置此配合则左右两个配合均有 0.2mm 的偏移量，如图 1-57 所示。

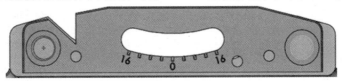

图 1-57　对称

操作步骤

　　步骤 1　打开装配体　打开文件夹"Misaligned Mate"下的装配体"Misaligned Mate"，如图 1-58 所示。装配体中一个【重合】配合和一个【同心】配合约束了零件到当前的位置，还需要一个【同心】配合来约束它的转动。

扫码看视频

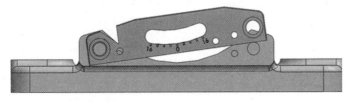

图 1-58　装配体"Misaligned Mate"

　　步骤 2　进行偏心配合　选择圆柱面进行同心配合，偏心配合的选项出现在关联菜单的底部，如图 1-59 所示。

　　步骤 3　设置对齐链接的配合　选择关联菜单中的【对齐链接的配合】，单击【偏心】并单击【确定】，结果如图 1-60 所示。

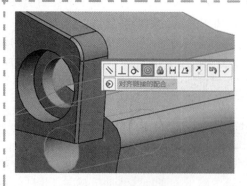

图 1-59 偏心配合选项

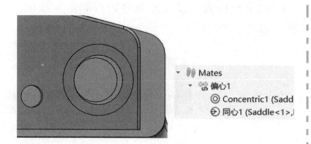

图 1-60 偏心配合

这个操作将生成一个"偏心 1"的配合，此配合包括原有的同心配合和新生成的偏心配合。

提示 编辑偏心配合中的任意一个配合都可以打开偏心的设置信息，如图 1-61 所示。

需要移除偏心配合时，右键单击偏心配合或者任意一个所属的同心配合，选择【移除偏心】。当有提示信息："这将移除偏心配合条件，将无法解析其中一个同心配合。是否继续？"选择【是】。这个操作与【移除配合之间的链接】选项的作用相同。

步骤 4 保存并关闭所有文件

图 1-61 偏心的设置信息

1.10 复制多个零件

多个零部件可以被一起选择、复制和粘贴，零部件之间的配合关系在复制时也会被一同复制，而其余不相关的配合关系将被舍去。

在装配体中可以对一组非子装配体的零部件进行以上操作，而多个装配体需要使用这组零部件时，最好将它们先制作成子装配体来使用。

不同的配合方案将影响后续的模型搭建。下面的例子将采用配合数量更少的 Main Body_copy 来创建装配体，如图 1-62 所示。这样其他零部件被复制时，很少有配合会被漏下。

用户可以使用【动态参考可视化（子级）】选项进行查看。

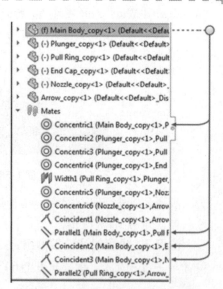

图 1-62 "Main Body_copy"相关配合

操作步骤

步骤1　打开装配体　打开文件夹"Copy Multiple Components"下的装配体"Copy Multiple Components",如图1-63所示。

步骤2　创建文件夹　选择配合,单击右键并选择【添加到新文件夹】,命名为"Active",并拖到设计树的底部,如图1-64所示。

扫码看视频

这些配合是和装配体中除零件"Main Body_copy"之外的其余零部件相关的配合。

图1-63　装配体"Copy Multiple Components"   图1-64　创建文件夹

步骤3　复制零部件　在设计树中选择"Plunger_copy""Pull Ring_copy""End Cap_copy""Nozzle_copy""Arrow_copy",并按住 < Ctrl > 键拖动到图形区域,如图1-65所示。

步骤4　查看配合　展开配合的文件夹,与新添加的零部件相关联的配合也已经添加,如图1-66所示。

图1-65　复制零部件

步骤5　完成配合　在"Plunger_copy"和"Main Body_copy"之间添加同心配合,再添加其他的配合以完成装配体,如图1-67所示。

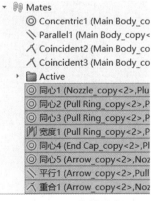

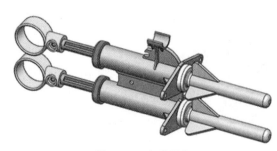

图1-66　查看配合   图1-67　完成配合

步骤6　保存并关闭所有文件

1.11　使用随配合复制

【随配合复制】工具能够在复制零部件的同时复制其相关联的配合，并可以对复制的零部件添加新的配合，如图 1-68 所示。

● **随配合复制和阵列**　当用阵列不能创建正确的模型时，可以使用【随配合复制】来创建。阵列局限于线性阵列、圆周阵列和由特征驱动的阵列这几种类型，但不能对配合进行阵列。在本例中，将复制、放置和旋转螺旋梯零部件。此处不能使用阵列，因为每一个台阶都是由前一个台阶绕着中心柱旋转 45°生成的。

22

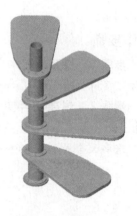

图 1-68　随配合复制

知识卡片	随配合复制	● CommandManager：【装配体】/【插入零部件】/【随配合复制】。 ● 菜单：【插入】/【零部件】/【随配合复制】。

操作步骤

步骤 1　打开装配体　打开文件夹 "Using Copy With mates" 下的装配体 "Copy _ With _ mates"，如图 1-69 所示。该装配体包含 3 个零部件（"center pole" "spacer" 和 "step"）。"spacer" 和 "step" 将被复制到零部件 "center pole" 的其他 3 个位置上。

步骤 2　选择零部件　单击【随配合复制】，然后选择零部件 "spacer" 和 "step"，并单击【下一步】。在【配合】选项组中将出现 4 个配合关系："Concentric11" "Concentric2" "Coincident1" 和 "Concentric3"，如图 1-70 所示。

扫码看视频

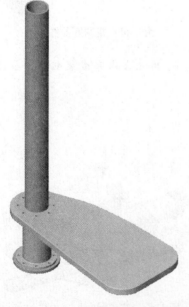

图 1-69　装配体 "Copy _ With _ mates"

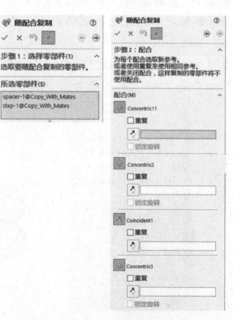

图 1-70　随配合复制

1.12　配合选项

每一个配合关系下面的选项是用来设置复制的零部件的，用户可以取消或重复这些配合。

- 选择要配合的新实体（面、基准面、边线等），通过【反转配合对齐】调整方向。
- 单击配合图标（如"Coincident1"）关闭配合，使复制的零部件不使用该配合。
- 勾选【重复】复选框，对创建的所有配件使用与原配合相同的选择。

1. 查看配合　在【配合】选项组中显示的是将要被复制或添加的配合。在选择配合选项前，先查看配合。

2. 重复的配合　零部件"spacer"和"step"与零部件"center pole"保持原先的配合关系。这些配合需使用【重复】选项，它们的说明及图示见表1-2。

表1-2　重复的配合

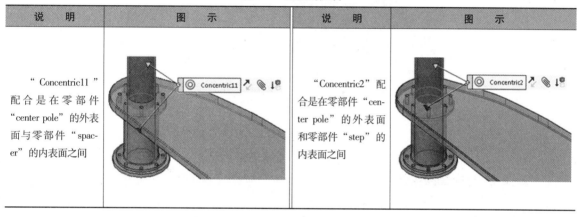

说　明	图　示	说　明	图　示
"Concentric11"配合是在零部件"center pole"的外表面与零部件"spacer"的内表面之间		"Concentric2"配合是在零部件"center pole"的外表面和零部件"step"的内表面之间	

3. 要更改的配合　零部件"spacer"需要放在零部件"step"的前面。零部件"spacer"的孔与零部件"step"的孔需要对齐。需要替换含有这些配合的选择参考，它们的说明及图示见表1-3。

表1-3　要更改的配合

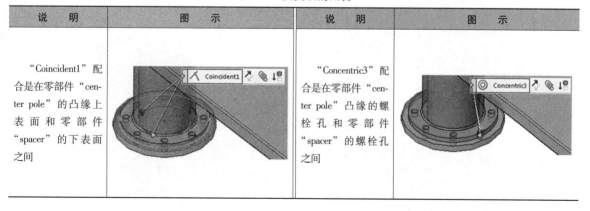

说　明	图　示	说　明	图　示
"Coincident1"配合是在零部件"center pole"的凸缘上表面和零部件"spacer"的下表面之间		"Concentric3"配合是在零部件"center pole"凸缘的螺栓孔和零部件"spacer"的螺栓孔之间	

步骤3　选择面　勾选"Concentric11"和"Concentric2"配合的【重复】复选框。单击"Concentric3"配合中的选择区域，并选择"step"的圆柱面（孔），如图1-71所示。

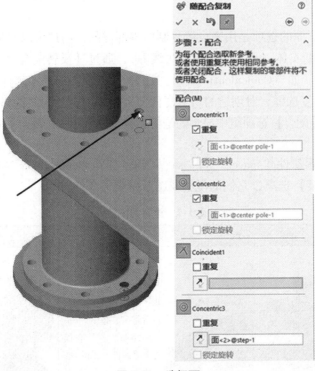

图1-71　选择面

步骤4　选择替换实体　单击"Coincident1"配合的选择区域，并选择"step"的上基准面，如图1-72所示。单击【确定】✔。

步骤5　添加相同零部件的复件　依次添加相同零部件的复件，并按逆时针方向旋转放置这些零部件，如图1-73所示。

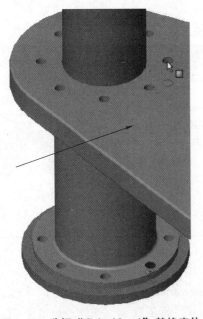

图1-72　选择"Coincident1"替换实体

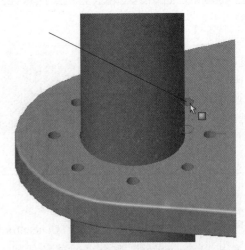

图1-73　添加相同零部件的复件

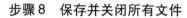

根据标记的槽口按逆时针方向选择下一个孔面，如图 1-74 所示。

步骤 6 创建其他复件 总共创建 3 个复件。每添加一个复件都按逆时针方向旋转一个螺栓孔的位置角度，如图 1-75 所示。

单击【取消】，退出 PropertyManager。

步骤 7 查看配合 展开文件夹"Mates"，打开【动态参考可视化（父级）】，查看每个配合所参考的零部件，如图 1-76 所示。

步骤 8 保存并关闭所有文件

图 1-74 选择下一个孔面

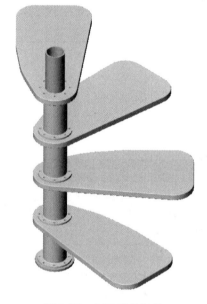

图 1-75 创建其他复件

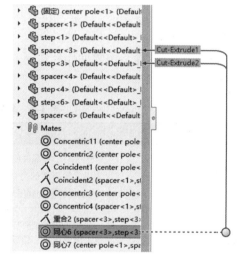

图 1-76 "Mates"文件夹

● **固定零部件** 装配体的第一个零件或者基体都是自动固定的。将基体固定在装配体原点的最好方法是，在最初【开始装配体】的对话框中单击【确定】，或者在图形区域单击原点。单击图形区域的其他任何地方，将导致基体被固定在该位置。

任何其他的零部件也都可以被固定在装配体原点，可以通过在【插入零部件】中单击【确定】或者单击装配体原点来实现。装配体设计时通过固定零部件使它们的原点定位。可以利用该功能避免一些不必要的配合。

任何固定零部件，包括基体零部件都可以转换成不固定的，操作方法是右键单击零部件，选择【浮动】。反之，也可以通过快捷菜单中的【固定】功能来将零部件固定在当前位置。

1. 13 小结：插入和配合零部件

SOLIDWORKS 提供了多种方法来将零部件添加到装配体中，同样，也有多种方法来完成零部件间的配合关系。一些配合可以在添加零部件的同时完成，一些配合则需要在零部件添加到装

配体后再完成。为了便于读者查阅，下面用表格总结了每种操作的方法。

1.13.1 插入零部件

装配体中添加的第一个零部件自动处于固定状态。另外，将零部件拖到装配体图形区域的原点上，无论它们是否为装配体的第一个零部件，都会处于固定状态。插入零部件的方法见表1-4。

表1-4 插入零部件

方　法	描　述
【插入零部件】📁 命令	将零部件放置到装配体中任意位置或放置到原点上
从Windows资源管理器中拖放文件	从Windows资源管理器中将文件拖动到装配体的图形区域，并放置在任意位置或放置到原点上
从打开的文档窗口中拖放	拖动零部件FeatureManager设计树的顶层图标，放置到任意位置或原点上
从任务窗格中拖放	利用文件探索器或设计库浏览目标零部件，然后拖动到装配体的图形区域，并放置在任意位置或放置到原点上

1.13.2 复制零部件

如果装配体中已经存在一个零部件的实例，就无须从装配体外再添加其他实例。复制零部件的方法见表1-5。

表1-5 复制零部件

方　法	描　述
<Ctrl>键+拖放	选中一个零部件的几何体或图标，按住<Ctrl>键，拖放该零部件到其他位置，生成该零部件的另一个实例；在FeatureManager设计树中选中一组零部件，按住<Ctrl>键拖放到图形区域，生成该组零部件实例
复制并粘贴	在FeatureManager设计树中选中零部件的图标，复制到剪贴板（<Ctrl+C>）。单击图形区域，然后粘贴（<Ctrl+V>）。此零部件将会粘贴到装配体的原点但并不固定

1.13.3 插入的同时进行零部件配合

零部件和配合可以同时添加。插入的同时进行零部件配合的方法见表1-6。

表1-6 插入的同时进行零部件配合

方　法	描　述
智能配合	从一个打开的文件中选择一个面、边线或顶点，拖放零部件到装配体中相应的面、边线或顶点上
使用【配合参考】	使用【插入零部件】的任一方法将包含配合参考特征的零部件拖放到装配体中相应的面、边线或顶点上
【随配合复制】🖱	复制已有的零部件，重新定义配合到新的参考

1.13.4 已有零部件的配合

对已经插入到装配体中的零部件添加配合，可以使用表1-7所示的方法。

表 1-7　已有零部件的配合

方　　法	描　　述
【配合】✎命令	可以选择以下任意两个对象的组合创建配合：面、边线、顶点、轴线、临时轴、参考平面、原点、草图直线或草图点。可以创建所有类型的配合
关联工具栏	利用多选项选择方式来预选配合实体，从关联工具栏中选择配合类型。重合、轮廓中心、同心等配合需要一对选择项，对称配合需要 3 个选择项，宽度配合则需要 4 个选择项
通过拖动自由零部件（按住 < Alt > 键）的配合实体使用智能配合	只用于推理【同心】或【重合】配合类型，但在确定之前可以改为其他类型（"销装入孔"除外）
在【移动零部件】PropertyManager 中使用【智能配合】	只用于推理【同心】或【重合】配合类型，但在确定之前可以改为其他类型（"销装入孔"除外）
在【配合】PropertyManager 中使用【多配合模式】	在单一操作中将多个零部件与一个普通参考配合，例如将多个齿轮或轴套与一个轴配合

提示

> 可利用下列工具帮助选择面或者其他几何体来创建配合：【选择其他】、【使第一个选择透明】（【配合】对话框）、【选择过滤器】、【零部件预览窗口】、轴（在面上悬停）、平面（在零部件上悬停并按 < Q > 键）和【放大镜】（按 < G > 键）。

1.13.5　高级配合特征

在【配合】PropertyManager 中有很多高级配合和机械配合类型（见表 1-8），可以用来完成标准配合类型无法做到的复杂配合关系。另外，装配体特征中的皮带/链传动可以在滑轮系统中创建此配合关系。

表 1-8　高级配合特征的类型及作用

类型	图标	名　　称	作　　用
高级配合		对称配合	使两个相似的实体关于平面对称，但它并不创建镜像零部件
		轮廓中心配合	使几何轮廓中心相互对齐并完全定义零部件，可用于圆形或矩形面
		宽度配合	【中心】使薄片位于凹槽宽度内的中心。凹槽宽度参考可以包含两个平行平面或两个非平行平面。薄片参考可以包含两个平行平面或两个非平行平面 自由：使薄片位于凹槽宽度内，薄片自由移动，当接触到凹槽面时停止 尺寸：使薄片位于沿箭头方向并与宽度参考面对应尺寸位置处 百分比：使薄片位于沿箭头方向并与宽度参考面对应百分比距离处
		路径配合	将零部件上所选的点约束到路径，用户可以定义零部件沿路径的【路径约束】、【俯仰/偏航控制】和【滚动控制】。路径可以是单一或多个边线或曲线，用户可以使用【Selection Manager】来选择路径
		线性/线性耦合配合	在一个零部件的平移和另一个零部件的平移之间建立几何关系，比率用来定义两者间的不同

（续）

类型	图标	名 称	作 用
高级配合	▭	距离限制配合	允许零部件在特定的距离之间移动
	◭	角度限制配合	允许零部件在特定的角度范围内移动
机械配合	⬭	凸轮配合	一种相切或重合配合，强迫用户指定一个圆柱面、平面或点与一系列相切的拉伸面之间进行配合，通常在凸轮上会存在这种相切的拉伸面
	⬭	槽口配合	零件的圆柱面间的移动，如螺栓在槽之间的移动，或者槽与槽之间的约束
	⬚	铰链配合	使用同心、重合和限制角度配合模拟铰链
	⬭	齿轮配合	控制两种机械齿轮或滑轮之间的旋转关系。用户可以用传动比率和反向旋转来控制滑轮（齿轮是反向旋转，滑轮是同向旋转）
	⬚	齿条小齿轮配合	创建"牵引"，使一个零部件的线性平移引起另一个零部件做圆周旋转，反之亦然
	⬚	螺旋配合	在两个圆柱面之间添加螺旋配合，来模拟线性运动的几何关系
	⬚	万向节配合	一个零部件（输出轴）绕自身轴的旋转由另一个零部件（输入轴）绕其轴的旋转驱动
装配体特征	⬚	皮带/链装配体	模拟皮带或者链连接选定的零部件之间的运动

表 1-8 所列的信息可以通过选择【配合】PropertyManager 中的"帮助"来访问，如图 1-77 所示。线上帮助里面的"配合的最好练习"包含了很多实用的添加装配体配合的提示。

图 1-77 【配合】PropertyManager

为防止 Toolbox 螺栓、垫圈、螺母和其他紧固件发生不必要的旋转，可以单击【工具】/【选项】/【系统选项】/【异形孔向导/Toolbox】，在【Toolbox 配合】中勾选【锁定'新的同心配合旋转到 Toolbox 零部件'】复选框。

1.13.6 实例：高级配合特征

本实例将装配大量的机械零部件，并在零部件之间添加适当的配合来使它们在物理装配体中移动。同时将添加皮带（链）装配体特征来控制滑轮的运动，还将添加适当的配合到装配体的其他零部件以实现预期的运动。

操作步骤

步骤 1 打开装配体"AdvMates. sldasm" 打开文件夹 Lesson01 \ Case Study \ AdvMates 下的装配体"AdvMates"，如图 1-78 所示。这个装配体包括简单的连接件、滑轮和凸轮系统。

步骤 2 插入配合 单击【配合】并切换至【机械】选项卡。

扫码看视频

步骤3 **定义滑轮间的齿轮配合** 单击【齿轮】 ，选择零部件"pulley"的外圆边线。直接从几何体（任意圆边，包括参考节圆或圆柱面）获取350mm和250mm的直径值，并定义它们的比率。该比率为参数值。

因为齿轮配合的默认运动是齿轮间的反向转动，所以对于滑轮和皮带的运动，需要勾选【反转】复选框，如图1-79所示。拖动其中一个滑轮来测试齿轮配合。

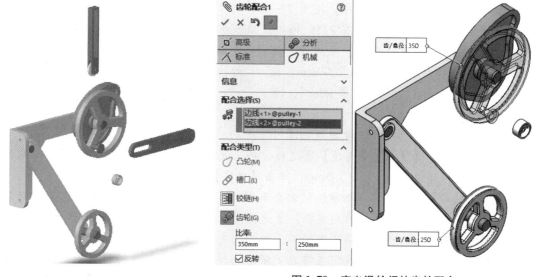

图1-78 装配体"AdvMates"　　　图1-79 定义滑轮间的齿轮配合

1.13.7 皮带/链装配体特征

皮带/链装配体特征是一种特殊的装配体特征，用以对滑轮或链轮系统进行建模。它不同于齿轮配合，可以包含两个以上的配合。

知识卡片	皮带/链	皮带/链装配体特征通过添加适当的配合和关系以实现预期的运动，并且提供从特征生成新零件的选项。使用草图作为扫描路径以生成实体皮带。多个滑轮或链轮也同样如此。
	操作方法	• CommandManager:【装配体】/【装配体特征】 /【皮带/链】 。 • 菜单:【插入】/【装配体特征】/【皮带/链】。

步骤4 **其他选项** 齿轮配合是一种实现两个零部件间相对转动的简单方法。但滑轮与皮带或链轮与链配合时（齿轮配合仅能应用于两个零部件），由于包含一个从动轮，就有了另外的选项。此时，在【配合】PropertyManager中单击【撤销】。

步骤5 **添加皮带/链装配体特征** 单击【皮带/链】 ，此时可以转换成【隐藏线可见】和【右视】以方便观察。

【皮带构件】可选择轴、圆边或圆柱面。这里选择两个滑轮V形槽的底面，并选择从动轮"idler"的外侧。

每个圆的直径都会显示，可以根据需要修改。利用【反转皮带面】可以将皮带置于"idler"的内侧。

如果需要，可以将皮带构件排序，将"idler"列在第二行，如图1-80所示。

步骤6 其他属性 【属性】提供了一些皮带的定义选项，但其中没有2235.36mm长度的标准皮带。勾选【驱动】复选框，可以设置皮带为标准长度。输入2000mm，使两个滑轮竖直排列并固定"idler"，如图1-81所示。

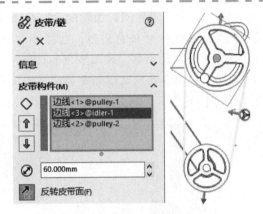

图1-80　添加皮带/链装配体特征

名义长度没有计算V形槽圆周的最小值，因此必须勾选【使用皮带厚度】复选框，将其设定为15mm。皮带曲线沿所有的滑轮向外偏移皮带厚度值的1/2，即7.5mm，单击【确定】。

【启用皮带】复选框可以切换压缩配合和解除压缩该装配体特征。如果需要重新定位滑轮或齿轮，应取消勾选【启用皮带】复选框，此时滑轮可以单独移动。

按照皮带的牵引，滑轮重新定位。

步骤7 添加槽口配合 接下来将在大滑轮的把手和链零部件的槽之间创建配合关系，如图1-82所示。单击【配合】，切换至【机械】选项卡，选择【槽口】，选择把手较小的圆柱面和链槽的一个面。使用【自由】选项来约束槽口配合。单击【确定】✔添加配合，再一次单击【确定】✔来完成并关闭【配合】的PropertyManager。

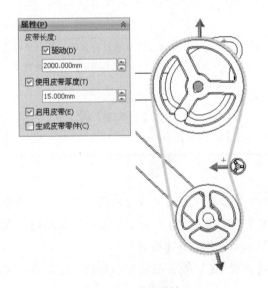

图1-81　其他属性

图1-82　添加槽口配合

步骤8 移动零部件 移动"pulley"验证"link"的运动。

第 1 章 高级配合技术

1.13.8 槽口配合的约束

根据不同零件与槽的关系不同，可以针对不同的槽口配合选择相应的槽约束。使用槽自由的约束来控制零部件在槽中移动的幅度。槽口配合约束的种类及作用见表 1-9。

表 1-9 槽口配合约束的种类及作用

种　类	作　用
自由	允许零部件在槽中自由移动
在槽口内置中	将零部件放在槽中
沿槽口的距离	将零部件轴放置在距槽末端指定距离处。【反转尺寸】可以更改距离，测量起始端点
沿槽口的百分比	将零部件轴放置在按槽长百分比指定的距离处。【反转尺寸】可以更改百分比，测量起始端点

对于槽口与槽口的关系，用户仅能选择【自由】约束。

步骤9　选择面 选择 "cam" 和 "roller" 的面，如图 1-83 所示。在关联工具栏中单击【凸轮推杆】 ⬯ 并测试运动。

步骤10　保存并关闭文件

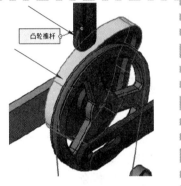

图 1-83　选择面

1.13.9 轮廓中心配合

【轮廓中心】配合是通过堆叠的方式，将零件的面中心重合在一起。还可以通过选项旋转零部件或者创建配合面的偏移量，如图 1-84 所示。

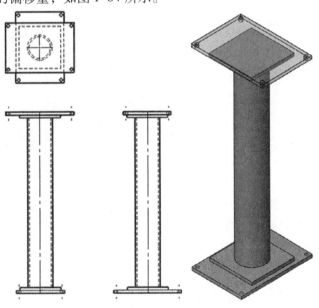

图 1-84　【轮廓中心】配合

提示👆 通过添加【轮廓中心】配合将完全定义零部件。

能适用【轮廓中心】配合的面必须为圆形或者矩形形状的平面，内部可以包含孔，见表 1-10。

表 1-10   【轮廓中心】配合适用面类型

适用的面		不适用的面	
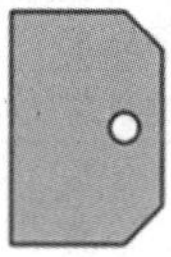		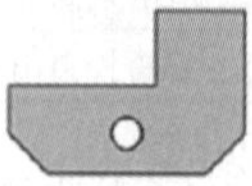	
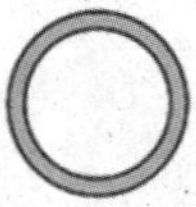			

知识卡片	轮廓中心配合	●【配合】PropertyManager：【高级配合】/【轮廓中心】⊕。

操作步骤

    步骤1 打开装配体 打开文件夹 Lesson01 \ Case Study \ Profile Center 下的装配体"Profile Center"，在装配体中"base with holes"零件被固定，如图 1-85 所示。

    步骤2 添加轮廓中心配合 选择【轮廓中心】配合，选择图 1-86 所示的两个面。

扫码看视频   图 1-85   装配体"Profile Center"

    步骤3 查看配合位置 检查图 1-87 所示的位置信息，单击【确定】。

    轮廓中心配合不受配合面的尺寸限制，仅取决于配合面的几何形状，如图 1-88 所示。

    步骤4 圆面的轮廓中心配合 选择【轮廓中心】配合，并选择零件"Pipe"和"end plate"的面。勾选【锁定旋转】复选框并单击两次【确定】，结果如图 1-89 所示。

    可以使用【等距距离】和【顺时针】、【逆时针】来调整配合面的距离和方位关系，如图 1-90 所示。

图 1-86 添加轮廓中心配合

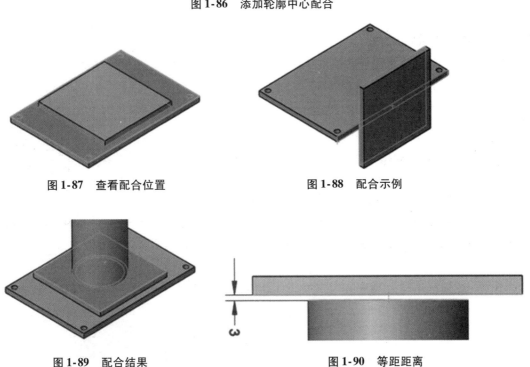

图 1-87 查看配合位置   图 1-88 配合示例

图 1-89 配合结果   图 1-90 等距距离

步骤5 **复制实例** 如图 1-91 所示, 复制 "base with holes" 和 "end plate" 两个零件。如果它们是被一起选中复制的, 那么它们之间的轮廓中心配合也会一起被复制。

步骤6 **配合实例** 选择所需的面并从关联工具栏中单击【轮廓中心】⊕。将零件 "end plate" 按图 1-92 所示进行配合, 并且添加一个平行配合以防止转动。

步骤7 **轮廓中心配合方向** 单击【轮廓中心】配合并选择 "end plate" 和 "base with holes" 相应的面。选择【顺时针】↻, 旋转零件到图 1-93 所示位置。

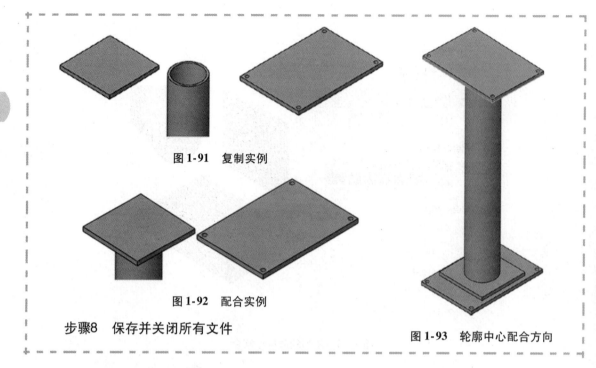

图 1-91　复制实例

图 1-92　配合实例

步骤8　保存并关闭所有文件

图 1-93　轮廓中心配合方向

1. 13. 10　齿条小齿轮配合

齿条小齿轮配合将旋转和平移相关联，可应用于齿轮和齿条的关联，或者任何传输系统，例如滚筒或轮子在面上的旋转。

操作步骤

扫码看视频

步骤 1　打开装配体　打开在文件夹 "RackPinionMate" 下的装配体 "Rack&Pinion"，如图 1-94 所示。该装配体仅包括 "spur gear" 和 "rack" 两个零件。草图显示了齿切的尺寸。

步骤 2　相切配合　首先在零件 "spur gear" 和 "rack" 间添加相切配合。对于静止在表面的简单圆轮，添加这样的配合比较简单；但对于齿轮的齿，添加相切配合时必须利用节圆。

步骤 3　距离配合　在零件 "spur gear" 的中心和零件 "rack" 的节线间添加 76mm 的距离配合，如图 1-95 所示。

图 1-94　装配体 "Rack&Pinion"

图 1-95　添加距离配合

在零件"spur gear"的中心和零件"rack"的节线间不能添加相切配合，因此选用距离配合。节线是指通过齿切中心的结构线。节圆直径为152mm，因此距离配合的距离是76mm。

 注意齿之间是否相互干涉。如果相互干涉，调整零件"rack"或零件"spur gear"的位置，使它们啮合。应用【齿条小齿轮】配合后，如果用户不压缩该配合，将不能调整啮合。

步骤4 齿条小齿轮配合 在【配合】PropertyManager 中单击【机械】选项卡，选择【齿条小齿轮】 🔧，并选择【小齿轮齿距直径】选项，如图1-96所示。进行如下设置：

齿条：选择下边线。在运动方向上的任何线性边线都符合条件。

小齿轮/齿轮：选择零件"spur gear"的节圆，【小齿轮齿距直径】为152.4mm。

然后单击两次【确定】。

步骤5 测试装配体运动 测试装配体运动，如果需要，用户可以对配合进行编辑，勾选【反转】复选框来改变运动的方向。

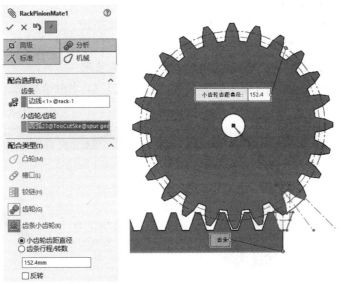

图1-96 齿条小齿轮配合

步骤6 保存并关闭所有文件

练习1-1 配合参考

本练习的任务是利用提供的零件，使用配合参考、标准配合和智能配合等方法创建如图1-97所示的装配体。完成装配体后，拖动其中一个零部件以显示动画。

本练习将应用以下技术：

- 配合参考。
- 智能配合。

单位：in。

装配体的零部件爆炸图如图1-98所示。

图1-97　配合参考装配体

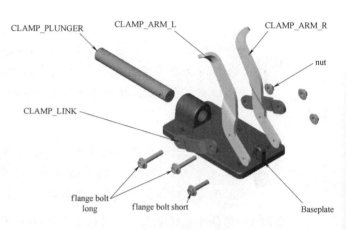

图1-98　零部件爆炸图

操作步骤

步骤1　新建装配体　使用"Assembly_IN"模板新建一个装配体。

步骤2　插入零部件　插入位于文件夹 Lesson01 \ Exercises \ MateRef 中的"Baseplate"作为第一个零部件。将该零部件放置在原点固定，如图 1-99 所示。

图1-99　插入零部件

步骤3　保存装配体　用"Mate References"命名装配体并保存在"MateRef"文件夹下。其余的零件包含表 1-11 中所示的配合参考。

表1-11　配合参考

零件名称	配合参考图示	零件名称	配合参考图示
nut		CLAMP_ARM_R 和 CLAMP_ARM_L	
CLAMP_LINK		flange bolt short	

步骤4　创建配合参考　为零件创建表 1-12 所示的配合参考，后续的步骤需要用到这些配合参考。

表 1-12　配合参考

零件名称	配合参考图示	零件名称	配合参考图示
flange bolt long		CLAMP_PLUNGER	

步骤 5　夹紧臂装配　拖动并放置"CLAMP_ARM_R"和"CLAMP_ARM_L"到图 1-100 所示位置。

步骤 6　夹紧链装配　拖放两个"CLAMP_LINK"零件到图 1-101 所示位置。

步骤 7　活塞杆装配　拖放"CLAMP_PLUNGER"零件到图 1-102 所示位置。如有需要，可以使用 <Tab> 键切换配合方向。

图 1-100　夹紧臂装配　　　　图 1-101　夹紧链装配　　　　图 1-102　活塞杆装配

步骤 8　法兰螺栓装配　拖放一个"flange bolt short"和两个"flange bolt long"到图 1-103 所示位置。需要额外添加一些平行和同心配合。

步骤 9　螺母装配　拖放三个"nut"零件到图 1-104 所示位置。

步骤 10　动态碰撞检查　单击【移动零部件】，并选择【碰撞检查】选项，在运动范围内移动零部件观察其干涉情况。可以看到零件"CLAMP_LINK"和零件"Base-plate"之间存在干涉，如图 1-105 所示。

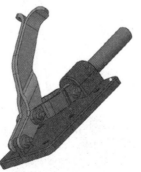

图 1-103　法兰螺栓装配　　　　图 1-104　螺母装配　　　　图 1-105　动态碰撞检查

步骤 11　保存并关闭所有文件

练习1-2　轮廓中心配合

使用轮廓中心配合添加零部件到装配体中。

本练习将应用以下技术：

- 轮廓中心配合。

单位：in。

操作步骤

　　步骤1　打开装配体　从"hitch"文件夹内打开装配体"Extension"。

　　步骤2　"tube"零件装配　如图1-106所示，在零件"angle"和"tube"之间添加一个轮廓中心配合，并锁定旋转。

　　步骤3　"sq_pl"零件装配　如图1-107所示，在零件"tube"和"sq_pl"之间添加一个轮廓中心配合，并添加一个平行配合限制转动。

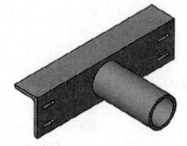

图1-106　"tube"零件装配

　　步骤4　"Hitch Pl"零件装配　如图1-108所示，在零件"sq_pl"和"Hitch Pl"之间添加最后一个轮廓中心配合，使用【顺时针】选项将零件转动到图1-108所示位置。

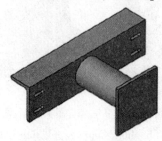

图1-107　"sq_pl"零件装配

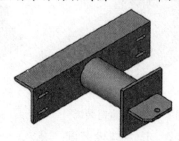

图1-108　"Hitch Pl"零件装配

　　步骤5　保存并关闭所有文件

练习1-3　槽口配合

使用槽口配合添加零部件到装配体中，如图1-109所示。

本练习将应用以下技术。

- 槽口配合的约束。

单位：mm。

图1-109　槽口配合示例

操作步骤

步骤1　打开装配体　从 "Slot Mates" 文件夹中打开装配体 "Bracket and Leg"。

步骤2　拖动零件　拖动零件 "Leg"。如图 1-110 所示，它可以穿过零件 "Bracket" 的实体。

步骤3　添加槽口配合　如图 1-111 所示，在销钉和槽之间添加一个槽口配合，设置约束为【自由】。

步骤4　测试约束　拖动零件 "Leg"，测试配合的约束是否正确，如图 1-112 所示。

步骤5　打开装配体　打开装配体 "Table"，如图 1-113 所示。

步骤6　阵列　使用【插入】/【零部件阵列】/【圆周阵列】命令，

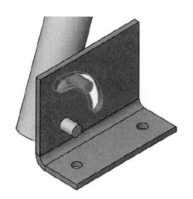

图 1-110　拖动零件

阵列子装配体 "Bracket and Leg"，如图 1-114 所示。

装配体的阵列与零部件阵列非常相似，零部件阵列将在后面章节中详细描述。

图 1-111　添加槽口配合　　　　　　　　图 1-112　测试约束

图 1-113　装配体 "Table"

图 1-114　阵列子装配体

步骤7　检查干涉　打开 "Bracket and Leg" 子装配体，拖动零件 "Leg" 到约束靠近水平的极限位置。回到主装配体，使用干涉检查来检测零部件冲突，如图 1-115 所示。

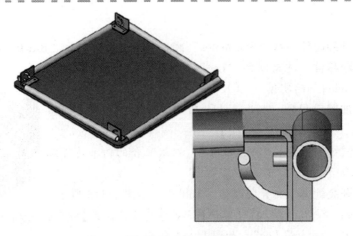

图1-115　检查干涉

步骤8　排除干涉　如图1-116所示，在零件"Bracket"中编辑槽口特征的草图，排除装配体中的干涉，并且使零件"Leg"收拢得更规整。

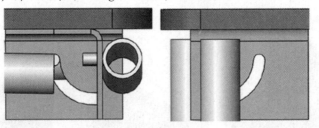

图1-116　排除干涉

步骤9　保存并关闭所有文件

练习1-4　随配合复制

使用【随配合复制】添加零部件到装配体中，如图1-117所示。

本练习将应用以下技术：

● 随配合复制。

单位：in。

图1-117　随配合复制装配体

操作步骤

从文件夹Lesson01 \ Exercises \ Copy With Mates中打开已有装配体"Copy With Mates"。复制并定位零部件"Gasket"和"Housing"到零部件"Mixer"的两个端口，如图1-118所示。

图 1-118　复制和定位

练习 1-5　齿轮配合

本练习的任务是为如图 1-119 所示的装配体使用齿轮配合，使齿轮产生预期的设计动作。本练习将应用以下技术：

- 高级配合特征。

单位：in。

> 技巧
> 　　在"Gears"文件夹中包含定义齿的草图。用户通过选择每个齿轮的节圆可以自动获取齿轮比率。另外，如果用户选择孔，其他的圆或者圆柱面就必须手工覆盖自动比率。啮合齿轮的节圆是相切的。另外一种方法是手动添加齿的数量，以确定齿轮比率。

图 1-119　齿轮配合装配体

操作步骤

步骤 1　打开装配体　打开 Lesson01 \ Exercises \ Gears 文件夹下的"gears. sldasm"文件，该零部件已经受限，只能进行转动。

步骤 2　行星齿轮与中央齿轮配合　中央的驱动齿轮必须和其他三个小齿轮以 2∶1 的比率进行齿轮配合，如图 1-120 所示。

> 技巧
> 　　【齿轮配合】操作并不能解决轮齿之间的啮合问题，也不能检查干涉。为了保持啮合齿轮的正确性，要保证在添加配合前轮齿不存在干涉。

42

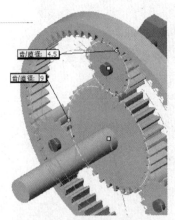

图 1-120　添加齿轮配合

步骤 3　内齿轮和小行星齿轮配合　添加其中一个小行星齿轮和外齿轮的齿轮配合关系（其传动比为 4∶1）。由于其中一个齿轮被嵌套在另一个齿轮里面，因此转动时方向是相反的。现在当驱动齿轮转动时，内齿轮以一半的速度反方向旋转。

注意　　如果所有的行星齿轮都和中央驱动齿轮配合好了，就没有必要再多一个行星齿轮与大的内齿轮"Internal Spur Gear"的配合。那样做是多余的，甚至可能引起装配体过定义。

步骤 4　保存并关闭文件

第2章 自顶向下的装配体建模

2.1 概述

SOLIDWORKS 有两种生成装配体的设计方法：自顶向下和自底向上。自底向上的设计方法是将分开的、独立的零部件进行配合。"独立"是指所有实体间的相互关系和尺寸都属于同一个零件。换言之，它们都是内部关联的。

在自顶向下的装配中，一些关系和尺寸是和装配体中其他的零部件实体关联的。这些关系是通过装配体中的模型特征和选中的外部参考实体完成的。这些外部关联由称为更新夹的装配体特征控制，并且此零件被称为"关联"零件。通过在装配体中创建这些外部关联生成自顶向下的装配，同时更新多个零件和特征。

2.2 处理流程

使用自顶向下的建模方式，设计任务是在装配体中开始的。在如图 2-1 所示的机用虎钳案例中，会在装配体内通过引用已存在的参考几何体来创建新的零件文件。创建内部关联零件的主要步骤如下：

1. 将新零件插入到装配体 在装配体文档中单击【新零件】，生成一个新的零件。该零件默认以虚拟零部件存在于装配体中，直到被外部保存。

2. 定位新零件 在装配体中有两种定位新添加的零件的方法：

- 单击图形区域空白处，将新零件固定在装配体的原点。如光标反馈为 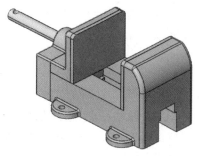，则其本质上是跟插入现有零件到装配体出现的绿色确定符号 ✔ 是一样的。

图 2-1 "Machine Vise" 装配体

- 在装配体中选择现有平面或者面来生成【在位】配合，这将使新零件的前视基准面与所选面相关联。这个方法会自动激活【编辑零件】模式，在新零件的前视基准面上激活草图。

3. 建立关联特征 如果创建的特征需要参考其他零件中的几何体，这个特征就是所谓的关联特征。关联特征只有在装配体打开的状态下才可以更新，但是允许更改一个零部件以更新其他的零部件。

> **提示** 如果不希望新建的零件或特征上存在外部参考，那么可以在【工具】/【选项】/【外部参考】中设置【不生成模型的外部参考】，或者是在编辑零部件状态下，单击 CommandManager 下面的【无外部参考】。在这种情况下，转换的几何体只是简单的复制，没有任何的约束条件，不会增加与其他零部件或者装配几何体之间的尺寸或者关联关系。

在装配体关联环境中对零件进行建模前，首先应该仔细考虑好零件将用在什么地方以及零件如何使用。关联特征和零件最好是"一对一"的，也就是说，在装配体中建模的零件最好仅用在该装配体中。应用在多个装配体中的零件不适合使用关联特征来建模，其原因在于关联特征是在装配体之间的关联几何体，该装配体的修改会导致零部件的更新，甚至会造成使用该零部件的其他装配体产生不可接受或者无法预料的问题。

如果关联零件要被用到其他装配体中，最好预先将此零件复制并删除所有的外部参考。本教程将在随后的章节中介绍删除外部参考的方法。另外，也可以像前面章节提到的一样，通过引用几何体但不创建外部参考的方式建立零件。

2.3 修改尺寸

可以在不编辑或不打开零部件的情况下，修改任意零部件的尺寸值。通过双击设计树或图形区域中的特征显示尺寸，然后双击修改尺寸值，重建装配体。

> **提示** 最好在更改所有尺寸后，再重建装配体。

2.4 实例：编辑和创建关联的零件

在本例中，将会在装配体关联环境下开始编辑零件，并为零件创建新的特征。接着将在装配体环境中为装配体"Machine_Vise"设计一个新的零件"Jaw_Plate"。

新零件"Jaw_Plate"（见图 2-2）的设计意图如下：

图 2-2 "Jaw_Plate"零件

- 该零件必须与"Base1"的装配架法兰吻合。
- 该零件不能移动。

操作步骤

步骤 1 打开装配体 打开"Lesson02 \ Case Study"文件夹下的"Machine_Vise"装配体，如图 2-3 所示。该文件包含了两个零件，这两个零件组成了"Vise"的基座。

步骤 2 修改尺寸 如图 2-4 所示，双击每个圆角特征，更改圆角数值为 2mm，单击【重建模型】和【确定】。

扫码看视频

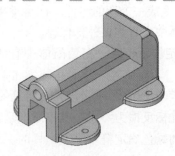

图 2-3 "Machine_Vise"装配体

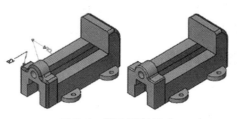

图 2-4　修改圆角尺寸

2.5　添加关联特征

在装配体中，用户可以在编辑装配体和编辑零部件两种模式下进行切换。在编辑装配体模式下，用户可以进行添加配合关系、插入零部件等操作。在装配体关联环境下编辑零部件时，用户可以利用其他零部件的几何尺寸信息创建配合关系或关联特征，使用外部零件的几何体将生成【外部参考】和【关联特征】。

2.5.1　编辑零部件

使用【编辑零部件】和【编辑装配体】两个命令可以在编辑装配体中的某个零部件和编辑装配体本身之间进行切换。当处于编辑零部件模式时，用户可以使用 SOLIDWORKS 零件建模部分的所有命令及功能，也可以访问装配体中的其他几何体。

提示

当变换编辑的焦点处于编辑零部件模式时，有下列标志性的改变：

- CommandManager 中【编辑零部件】按钮为按下状态。
- CommandManager 选项卡加载成零件建模工具栏，但是工具栏左侧一直显示特定的装配体的命令。
- FeatureManager 设计树将根据【选项】中的定义，将正在编辑的零件以不同的颜色显示。
- 在确认角落的位置显示退出编辑的图标，或者按 < D > 键在光标处打开一个确认角落图标。
- 状态栏显示 "在编辑零件" 的状态。
- 窗口标题位置显示 "零件名←装配体名"。

知识卡片	编辑零部件/编辑装配体	【编辑零部件】/【编辑装配体】命令用来在编辑零部件和编辑装配体自身间进行切换。
	操作方法	● CommandManager：选中要编辑的零件，单击【装配体】/【编辑零部件】。 ● 快捷菜单：右键单击要编辑的零部件，单击【编辑零件】或【编辑装配体】。

提示   在装配体中，零件和子装配体都被认为是零部件。当选择某子装配体时，在鼠标右键快捷菜单中显示的将是【编辑装配体】而不是【编辑零件】，在这里两者将被互换使用。

2.5.2　编辑零部件时的装配体显示

当在装配体中编辑零部件时，被编辑零部件的颜色取决于用户的设置。用户可以在【选项】/【系统选项】/【颜色】中定制自己的颜色。假如选择了【当在装配体中编辑零件时使用指定的颜色】，正处于编辑状态的零部件的颜色可以在【颜色方案设置】的【装配体，编辑零件】中设置（默认颜色为品蓝）。而未在编辑状态的零部件的颜色则在【装配体，非编辑零件】中设置（默认颜色为灰色）。

知识卡片		
装配体透明度	装配体中未被编辑的零部件的透明度有三种设置： ●【不透明装配体】：未在编辑状态的零部件是不透明的，使用【选项】中设置的颜色或零部件的外观颜色。 ●【保持装配体透明度】：除了正在编辑的零部件以外，所有零部件保持它们现有的透明度。 ●【强制装配体透明度】：除了正在编辑的零部件以外，所有零部件变成透明。	
操作方法	● CommandManager：编辑零部件时，单击【装配体透明度】。 ● 菜单：单击【选项】，在【系统选项】选项卡的【显示】中，选择【关联编辑中的装配体透明度】。	

提示   默认的装配体透明度可以通过【选项】来设置，也可以在编辑零部件时在CommandManager中更改。在【选项】中，使用滑杆可以调整【强制装配体透明度】的透明度等级，将滑杆向右移动时，零部件变得更加透明。

2.5.3　透明度对几何体的影响

一般来说，光标会选择任何位于前面的几何体。然而，如果装配体中有透明的零部件，那么光标将穿过透明的面选择不透明零部件上的几何体。

提示   对于光标选取而言，透明是指透明度超过10%。透明度小于10%的零部件被认为是不透明的。

可以应用如下技术来控制透明几何体的选择：

● 单击【装配体透明度】，设定装配体为【不透明】。这样所有的几何体将被同等对待，光标选择的总是前面的面。

● 如果一个透明零件的后面有不透明的零件，按住 < Shift > 键可以选择透明零件后的几何体。

● 如果要编辑的零件前有一个不透明的零件，按住 < Tab > 键可以隐藏不透明的零件选择被编辑的零件几何体，按 < Shift + Tab > 组合键可以显示不透明零件。

● 使用【选择其他】命令选择被其他面遮挡住的面。

步骤3 更改设置 单击【选项】⚙/【系统选项】/【颜色】，并勾选【当在装配体中编辑零件时使用指定的颜色】复选框。在左边窗格单击【显示】，更改默认的【关联编辑中的装配体透明度】为【不透明装配体】。单击【确定】关闭并退出【选项】。

步骤4 编辑零件 单击零件"Base1"并单击【编辑零件】，如图 2-5 所示。

步骤5 倒圆角 单击【圆角】并将半径数值设置为"2mm"，勾选【显示选择工具栏】复选框，选择圆弧边线，并利用左循环和右循环快速选择四个相似的特征，如图 2-6 所示。

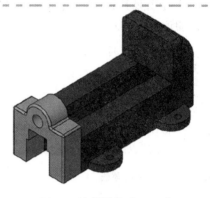

图 2-5 编辑零件"Base1"

 提示 新创建的特征列在 FeatureManager 设计树高亮显示的"Base1"特征的底部，如图 2-7 所示。

步骤6 退出编辑零部件模式 单击确认角落图标，退出编辑零部件模式，如图 2-8 所示。

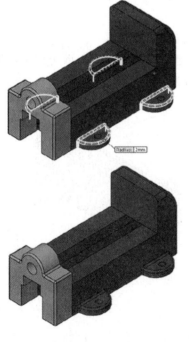

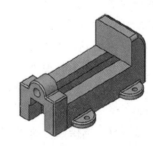

图 2-6 倒圆角   图 2-7 FeatureManager 设计树   图 2-8 退出编辑零部件模式

2.6 在装配体中插入新零件

用户可以根据需要在装配体中插入新零件，这些零件可以使用现有零件的几何体和位置在装配体关联环境中创建。新建的零件将作为装配体的一个零部件显示在 FeatureManager 设计树中，并包含其完整的特征列表。在默认情况下，软件将这些零部件作为虚拟零部件保存在装配体文件内。

单击【工具】/【选项】/【系统选项】/【装配体】，并勾选【将新零部件保存到外部文件】复选框，以更改保存方式。

知识卡片	插入零部件	通过【插入】/【零部件】/【新零件】命令在装配体中插入新零件。为新零件定位，可以通过单击图形区域的空白区域将零件固定在装配体的原点，或者找一个平面来和新零件的前视基准面进行配合。这两个不同的定位方法会给编辑新零件带来不同的结果。
	操作方法	• CommandManager：【装配体】/【插入零部件】 弹出菜单/【新零件】 。 • 菜单：【插入】/【零部件】/【新零件】。

2.6.1 定位新零件

当一个新零件被放置在装配体的坐标原点后，它将作为一个组件插入到装配体中，但不会自动进入编辑状态。

在装配体中指定一个平面或基准面并插入新零件后，会产生如下变化：

• 创建了一个新零件，并作为装配体的一个组件显示在 FeatureManager 设计树中。默认情况下，这个零件是装配体的内部文件。

• 新零件的前视基准面与所选择的面或基准面重合。

• 添加了一个名为"在位1"的配合，来完全定义该组件的位置。

• 新零件的原点是根据装配体原点沿新零件前视基准面的法线投影而建立的。

• 系统切换到了编辑零件的模式。

• 在新零件的前视基准面（即所选择的面）上新建了一幅草图。

上述命令创建了一个新的零件文档，用户可以选择一个指定的模板或者使用系统默认模板。默认模板通过以下方式来选择：【工具】/【选项】/【系统选项】/【默认模板】。

步骤7 虚拟零部件 单击【选项】/【系统选项】/【装配体】，取消勾选【将新零部件保存到外部文件】复选框，以创建虚拟零部件。

步骤8 插入新零件 单击【新零件】 ，当光标在一个平面或基准面上时，将会出现一个 形状的光标。

步骤9 选择面 选择"Base1"的平面，如图2-9所示。

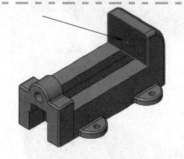

图2-9 选择面

2.6.2 虚拟零部件

插入的新零件的名称是用 [ ] 括起来的。装配体中看到类似 [零件1^装配体1] 的名称，则表明这是虚拟的零件。"零件1"是自动生成的名称（在装配体中生成的第一个零件），而"装配体1"则沿用当前装配体的名称。在装配体关联环境下插入新零件，软件会自动在零件名称外面加上 [ ]，用户在操作的过程中很容易会将这个 [ ] 遗忘。

虚拟零部件可以通过快捷菜单方便地进行重命名或保存为外部文件。

• 重命名：右键单击零部件并选择【重新命名零件】命令，修改零件的名称。

• 保存为外部文件：右键单击零部件并选择【保存零件（在外部文件中）】，将零部件保存到装配体外部的真实零件文件（*.sldprt）中。使用【保存装配体】也会产生相同的选项。

提示　不仅仅是虚拟零部件，任何零部件都可以在 FeatureManager 设计树中进行重命名，操作方法是：单击【选项】/【系统选项】/【FeatureManager】，勾选【允许通过 FeatureManager 设计树重命名零部件文件】复选框。

步骤 10　插入零件　新零件是空的，唯一的特征在 FeatureManager 设计树中，如图 2-10 所示。

通过选择一个平面来放置零件时，系统自动地在新零件上创建了一个新的草图，并进入编辑模式，草图平面就是所选的面。同时，在 FeatureManager 设计树中，该零件文本颜色的变化显示了该零件正在编辑中。

步骤 11　重命名虚拟零部件　右键单击零件并选择【重新命名零件】，修改名称为 "Jaw_Plate"。

提示　虚拟零部件，如本例产生的新零件，会自动产生单一的配合特征 "在位 1"。

图 2-10　插入零件

2.7　创建关联特征

在装配体关联环境中创建零件时，其草绘方法与在零件模式时相似，额外的优点是可以看到和参考周围零件的几何体。用户可以利用其他零件的几何体进行复制、等距实体、添加草图几何关系或者进行简单的测量。在下面的示例中，将利用 "Base1" 的几何体来创建零件 "Jaw_Plate"。

2.7.1　常用工具

可以利用装配体中现有的常用工具，如【转换实体引用】和【等距实体】来创建，以使新零件与原几何体尺寸一样。

步骤 12　转换实体引用　选择将要被转换的面，然后单击【转换实体引用】。软件将会转换所选面的所有外部边线到正在编辑的草图中，并添加了【在边线上】几何关系，如图 2-11 所示。

步骤 13　拉伸凸台　拉伸凸台，厚度为 5mm，如图 2-12 所示。

步骤 14　退出编辑零部件模式　在 CommandManager 上或在确认角落单击【编辑零部件】，或右键单击并从菜单中选择【编辑装配体：Machine_Vise】，关闭编辑零部件模式，切换到编辑装配体模式。

步骤 15　保存文件　单击【保存】，在【保存修改的文档】对话框中单击【保存所有】，随即弹出【另存为】对话框。该装配体包含未保存的虚拟零部件，这些零部件需要保存。选中【内部保存（在装配体内）】选项，然后单击【确定】。

49

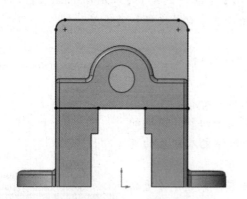

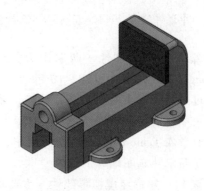

图 2-11　转换实体引用　　　　　　　　　图 2-12　拉伸凸台

步骤 16　新建零件　插入另一个新零件到"Base2"的端面上，如图2-13 所示。

步骤 17　转换边线　在草图平面上使用【转换实体引用】，并移除多余的几何体，拖动未闭合边线，如图2-14所示。

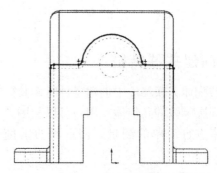

图 2-13　新建零件　　　　　　　　　　图 2-14　转换边线

步骤 18　完成草图　通过绘制直线、镜像、标注尺寸和添加几何关系完成草图，如图 2-15 所示。

步骤 19　拉伸　拉伸凸台，设置厚度为 25mm，如图2-16所示。

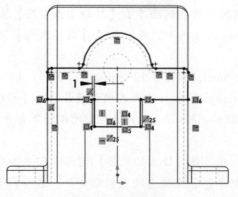

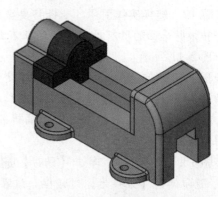

图 2-15　完成草图　　　　　　　　　　图 2-16　拉伸凸台

⚠️ **注意**
> 　　如果在编辑装配体的模式下创建一个草图，则会有警告提示该草图不在
> 零件或者子装配体中，如图 2-17 所示。
> 　　如果没有警告弹出，单击【工具】/【选项】/【系统选项】/【信息/错误/
> 警告】，然后勾选【在装配体关联中开始草图警告】复选框。

　　步骤20　编辑装配体　单击【编辑装配体】，
切换到编辑装配体模式。

装配体关联草图通知:	✕
⚠️ 警告：您已在关联装配体而不是在零件或子装配体中启动草图。	
关闭警告	

图 2-17　警告

51

　　步骤21　重命名零件　右键单击零件并选择
【重新命名零件】，重命名新零件为"Sliding_Jaw"。

　　步骤22　保存零部件　保存零部件为"内部保存"。

　　步骤23　隐藏零件"Jaw_Plate"　为了更加清楚地查看，隐藏"Jaw_Plate"。这样做
的原因是要使用"Base1"的几何体在"Sliding_Jaw"中创建一个新的特征。

提示👆
> 　　可利用"Jaw_Plate"的几何体在"Sliding_Jaw"中创建特征的原因在于
> 几何体的形状是正确的，但这不是一个好的方案。更好的方案是关联原始的
> 零部件"Base1"。关联原始的零部件比关联其他使用了原始零部件的几何
> 体的部件更好。

　　步骤24　编辑零部件　右键单击零部件"Sliding_Jaw"并选择【编辑零部件】💠。
在"Sliding_Jaw"外表面所在面上绘制草图。选中与它相对的在"Base1"上的面，单击
【转换实体引用】，如图 2-18 所示。删除多余部分并拉伸草图，设置厚度为10mm。

　　步骤25　等距实体　在"Sliding_Jaw"的前表面上绘制草图（通过孔选择表面），使
用【等距实体】并设置等距为2mm，创建一个【完全贯穿】切除，如图 2-19 所示。

　　步骤26　编辑装配体　单击【编辑装配体】退出编辑零部件状态，返回等轴测视图。

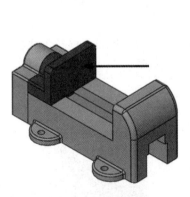

图 2-18　编辑零部件

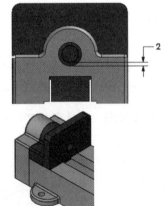

图 2-19　创建孔

提示👆
> 　　使用【完全贯穿】拉伸切除命令不会切除"Base1"，因为这个命令只
> 作用于正在编辑的零件。

2.7.2　在装配体外部建模

　　很多零件中的特征并不是只有在装配体环境下才能被创建，在零件环境下也能被创建，而且
并不需要添加任何关联参考。

操作步骤

步骤 1　打开零件　右键单击零部件"Sliding_Jaw"，然后在关联工具栏中选择【在当前位置打开零件】🔧，在图 2-20 所示的边线上添加 2mm 的圆角。

步骤 2　等距实体　在平面上创建一个草图，用圆形切除的外部边线创建等距为 3mm 的等距实体，切除拉伸深度为 5mm，如图 2-21 所示。

扫码看视频

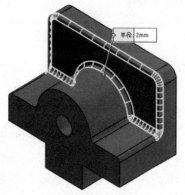

图 2-20　添加圆角

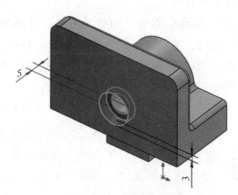

图 2-21　等距实体

步骤 3　返回到装配体　关闭零件，保存所有的更改，返回到装配体。单击【是】重建装配体并显示零部件"Jaw_Plate"，如图 2-22 所示。

步骤 4　插入零部件　单击【插入零部件】📑，将 Lesson02 \ Case Study 文件夹中的"Vise-Screw"部件插入装配体中。在"Vise-Screw"的圆柱面和"Base2"的孔之间添加【同心】配合，在两个面之间添加【重合】配合，如图 2-23 所示。

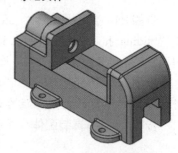

图 2-22　返回到装配体

> 提示　在自顶向下的建模方式中，自顶向下和自底向上的装配建模方式是可以结合使用的，没有必要重新创建每一个零部件。

步骤 5　添加实例　在装配体中添加实例"Jaw_Plate"，并与"Sliding_Jaw"添加配合，如图 2-24 所示。

图 2-23　插入零部件

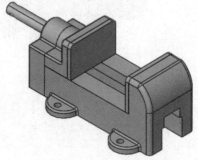

图 2-24　添加实例"Jaw _ Plate"

使用 <Ctrl> +拖放或者【复制/粘贴】命令来添加另一个实例到已有的零部件中。

2.8 传递设计修改信息

自动传递设计修改信息是关联特征的一大特点。本节将讨论修改零部件"Base1"的大小会如何影响与它关联的其他零部件的大小。更改"Base1"的大小，将会传递这种变化到"Jaw_Plate"和"Sliding_Jaw"上。

步骤6 修改尺寸 双击零部件"Base1"的特征"Extrude1"，更改尺寸值70mm为90mm，如图2-25所示。注意不要重建模型。然后双击这个零部件的另一特征"Extrude2"，更改尺寸值45mm为65mm。

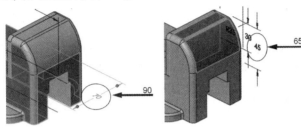

图2-25 修改尺寸

步骤7 重建模型 重建模型，"Jaw_Plate"和"Sliding_Jaw"零部件更新后的尺寸与"Base1"一致，如图2-26所示。

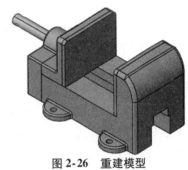

图2-26 重建模型

2.9 保存虚拟零部件为外部文件

在任何时候，用户都可以将装配体内部的虚拟零部件保存为外部文件。保存在内部是没有单独的零件文件的，它们被保存在装配体文件中。

知识卡片	保存虚拟零部件为外部文件	• 快捷菜单：右键单击零部件并选择【保存零件（在外部文件中）】。

步骤8 保存为外部文件 在FeatureManager设计树中选择所有的虚拟零部件，然后单击右键并选择【保存零件（在外部文件中）】。在窗口中选择所有的零件并单击【与装配体相同】，如图2-27所示，单击【确定】。

图2-27 保存为外部文件

53

步骤9　标记符号　现在，每个零部件都保存在装配体外部的零件文件（＊.sldprt）中了。

> ⚠️ **注意**　零件名外面的［ ］都没有了，但是->还存在。->表示该零件存在外部参考，参考了此零件外部的几何体，如图2-28所示。

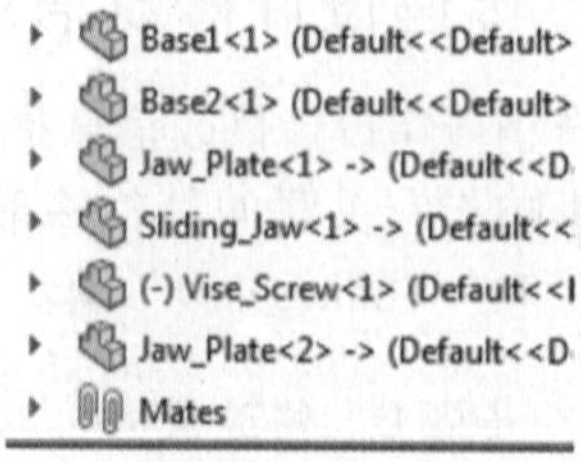

▸ 🔩 Base1<1> (Default<<Default>
▸ 🔩 Base2<1> (Default<<Default>
▸ 🔩 Jaw_Plate<1> -> (Default<<D
▸ 🔩 Sliding_Jaw<1> -> (Default<<
▸ 🔩 (-) Vise_Screw<1> (Default<<I
▸ 🔩 Jaw_Plate<2> -> (Default<<D
▸ 🔗 Mates

图2-28　标记符号

54

2.9.1　关联特征

关联特征是装配体在关联环境下创建的引用装配体参考信息的特征。也就是说，实体之间的更新路径是需要通过装配体的，而不是直接从一个零件到另一个零件。

2.9.2　更新夹

关联关系建立时，更新夹就会在 FeatureManager 设计树中创建。更新夹是连接两个零件的几何关系和位置参考的特征。默认情况下，更新夹不会显示在 FeatureManager 设计树中。如果要显示更新夹，右键单击 FeatureManager 设计树的顶层图标，单击【显示更新夹】，如图2-29所示。

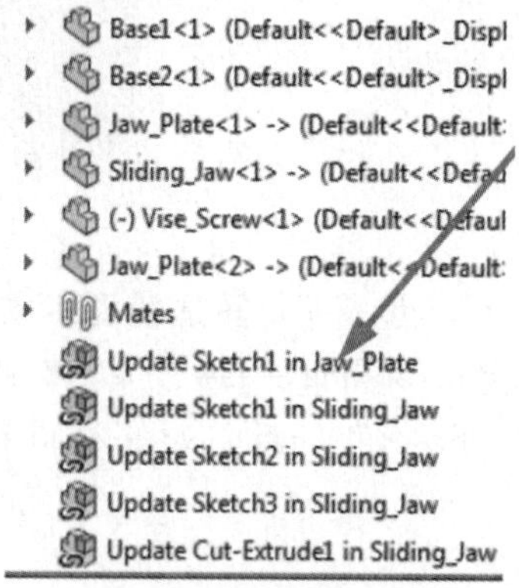

更新夹是装配体文件的一部分，因此只有当装配体处于打开状态时，关联特征才能被更新。如果更新路径不可用（如装配体文档被关闭），更新过程将在下次打开包含该更新路径的装配体时发生。

▸ 🔩 Base1<1> (Default<<Default>_Displ
▸ 🔩 Base2<1> (Default<<Default>_Displ
▸ 🔩 Jaw_Plate<1> -> (Default<<Default:
▸ 🔩 Sliding_Jaw<1> -> (Default<<Defad
▸ 🔩 (-) Vise_Screw<1> (Default<<Defaul
▸ 🔩 Jaw_Plate<2> -> (Default<<Default:
▸ 🔗 Mates
　 🔧 Update Sketch1 in Jaw_Plate
　 🔧 Update Sketch1 in Sliding_Jaw
　 🔧 Update Sketch2 in Sliding_Jaw
　 🔧 Update Sketch3 in Sliding_Jaw
　 🔧 Update Cut-Extrude1 in Sliding_Jaw

图2-29　更新夹

2.10　外部参考

外部参考符号表明特征需要从模型外部获得信息才能正确更新。在装配体环境下创建零件的示例中，外部参考在特征参考装配体几何体或其他装配体零部件时产生。装配体更新夹提供了外部参考更新的链接。外部参考通常是草图关系，但是也可以通过特征终止条件、草图平面和其他几何体特征来创建。

2.10.1　零部件层级符号

零部件层级符号的状态及含义见表2-1。

表2-1　零部件层级符号的状态及含义

符号	状态	含　义
->	正常关联	外部参考文件已经打开，而且特征更新到最新
->?	未关联	外部参考文件没有打开，不确定特征是否更新
->*	参考锁定	外部参考被锁定。这将阻止参考文件因特征的更新而更新，除非参考被解除锁定
->x	参考断开	外部参考被断开。外部文件的更新不会影响特征，参考引用也不能被恢复

2.10.2 特征层级符号

特征层级符号的状态及含义见表 2-2。

表 2-2 特征层级符号的状态及含义

符号	状态	含 义
{ – > }	正常关联	该特征所包含的草图有外部参考
– > { – > }	正常关联	该特征和所包含的草图都有外部参考
– >	正常关联	该草图有外部参考
{ – > * x }	参考断开	这里包含了多种状态，所有的符号都放置在特征名称的右侧

如图 2-30 所示，"Jaw_Plate_&<2> – >"零件有一个正常关联的外部参考，展开后可以在所包含的特征"Boss – Extrude1{ – >}"下的草图"Sketch1 – >"中找到。

图 2-30 正常关联的参考特征

2.10.3 非关联参考

"Jaw_Plate"是在装配体关联环境下创建的零件。只有在装配体打开的情况下，它会随着参考零部件几何特征的更改而改变。下面将演示这一内容。

步骤 10 打开零件"Jaw_Plate " 选择"Jaw_Plate"并在关联工具栏中单击【打开零件】📂。由于装配体处于打开状态，所以外部参考引用会被同时更新，特征显示为正常关联状态" { – >}"。

步骤 11 关闭装配体 关闭装配体"Machine_Vise"。

提示 用户可以关闭文档窗口而不需要从【窗口】菜单或者在 Windows 下的任务栏中激活此文档。

"Jaw_Plate"不会随着"Base"的改变而改变。因为此时装配体文件是关闭的，零件"Jaw_Plate"为非关联状态" { – >?}"，如图 2-31 所示。只有打开装配体文件，"Jaw_Plate"才会随着"Base"的更新而更新。

图 2-31 非关联状态的特征图标

2.10.4 恢复关联

将一个非关联的零件恢复关联，只要将它所参考的文档打开就可以了。这个操作非常简单。

知识卡片	关联中编辑	【关联中编辑】命令会自动打开这个零件所参考的其他文件，可以节省操作时间。用户不必查找此特征的外部参考文件，无须浏览它的位置并手动打开。
	操作方法	● 快捷菜单：右键单击具有外部参考的特征，选择【关联中编辑】。

步骤 12　关联中编辑　右键单击"凸台－拉伸 1"特征并选择【关联中编辑】。相关联的装配体文件将会被自动打开。参考关联在 FeatureManager 设计树中用"->"符号表示。

2.11　断开外部参考

由于在关联中创建零件和特征而产生的外部参考会存留在零件中，所以对零件的更改会影响到所有用到这个零件的地方（装配体及工程图）。同样的，当修改了零件所参考的装配体零部件时，零件也同样会被修改。上述变化可以通过【锁定/解除】和【断开】选项临时性地或者永久性地关闭。

当用户想在另一个装配体中再次使用关联零部件，或者想利用关联零部件作为设计起点或应用不与参考几何体关联的运动时，则需要移除外部参考。可以通过复制并编辑关联零部件来创建一个不再和装配体相关联的复制零件。

2.11.1　外部参考

当用户打开【外部参考】对话框时，有两个选项可以用于外部参考：【全部锁定】和【全部断开】。这两个选项可以让用户修改关联零部件和外部参考文件之间的关系。

1. 全部锁定　【全部锁定】用于锁定或者冻结外部参考，直到用户使用【全部解除锁定】为止。全部锁定操作是可逆的，在用户解除锁定外部参考以前，所有的更改都不会传递到被关联的零件中。

当用户单击【全部锁定】后，SOLIDWORKS 系统会弹出一个信息框："模型'Jaw_Plate'的所有外部参考将会被锁定。在您解除锁定现存的参考之前，您将无法再添加新的外部参考。"

在 FeatureManager 设计树中，被断开参考的符号变成"-> *"，使用【全部解除锁定】命令后符号将变回"->"。

当零件被锁定参考后，用户无法再添加新的外部参考。

2. 全部断开　【全部断开】用于永久性地切断与外部参考文件的联系。用户单击【全部断开】以后，SOLIDWORKS 系统会弹出一个信息框："模型'Jaw_Plate'的所有外部参考将会断开。您将无法再激活这些参考。"警告用户该操作是不可逆转的。

在 FeatureManager 设计树中，被断开参考的符号变成"-> x"。参考的改变将不再传递到该零件。

对于整个装配体，可以通过一步操作断开所有的外部参考，方法为右键单击顶层装配体图标，选择【外部参考】，从对话框中选择【全部断开】。

知识卡片	通过动态参考可视化工具访问选项	【动态参考可视化（子级）】工具可以用来访问【外部参考】对话框中显示相同的断开和锁定/解除锁定的选项。单击零部件，然后单击虚线和箭头相交的点，即可访问选项，如图 2-32 所示。

技巧　如有需要，可以在 FeatureManager 设计树中隐藏"-> x"符号，方法为在【选项】/【系统选项】/【外部参考】中，取消勾选【为断开的外部参考在特征树中显示"x"】复选框。

一旦断开参考，用户只可以在【外部参考】对话框中勾选【列举断开的参考引用】复选框来列出参考。

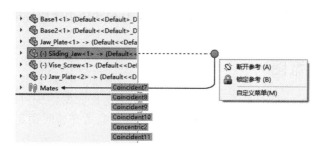

图 2-32　动态参考可视化工具

⚠ 注意　　【全部断开】不会删除外部参考，只是简单地断开了外部参考，并且这种断开永远都无法恢复。因此，用户最好在所有情况下都使用【全部锁定】。

步骤 13　外部参考　可以通过列出外部参考的方法来查看某个特征或者草图是否有外部参考。在 FeatureManager 设计树中右键单击零件 "Sliding_Jaw"，选择【外部参考】，弹出如图 2-33 所示的对话框。

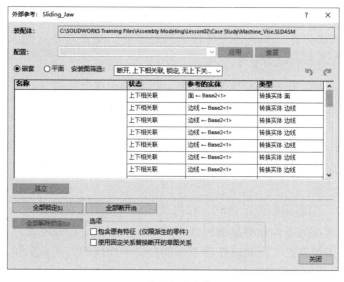

图 2-33　【外部参考】对话框

2.11.2　外部参考报告

图 2-33 所示的对话框中包含下列信息：
- 装配体：显示了创建外部参考时用到的装配体。
- 配置：零部件当前的配置名称。
- 名称：所选零件中含有外部参考的所有特征或草图。
- 状态：显示特征是否在关联中。
- 参考的实体：用于生成外部参考的选中的边、表面、基准面或者环的名称。实体名称显示了实体所在的零件，如"侧影轮廓边线＜-motor＜1＞"表示这是零件"motor"的第一个实例中的一条边线。

- 类型：类型定义了外部参考的创建方式，例如转换实体边线或等距边线。

在本例中，会列出很多外部参考。

2.12　装配体设计意图

"Machine_Vise" 的设计意图是使零件 "Sliding_Jaw" 在装配体中可以来回移动。由于预期的运动会影响被参考几何体，所以将保存该零部件的外部参考并暂时锁定，以防止使用配合重新定位零件时进行更新 。

> **步骤14　全部锁定**　单击【全部锁定】，在对话框中单击【确定】。单击【关闭】。

> 提示　【外部参考】和【文件】/【查找相关文件】命令有所不同。在零件窗口中，选择【文件】/【查找相关文件】可以显示所参考的文件。【查找相关文件】仅列出外部参考文件的名称，而不提供特征、数据、状态或零部件信息。例如，【查找相关文件】命令会告诉用户以下信息：
> - 使用【基体零件】或者【镜像零件】方法建立零件的参考零件文件。
> - 具有关联参考的任何零件的装配体文档。其中包括使用【派生零部件】建立的零件、有型腔或连接特征的零件，或是一个在装配体中关联编辑的、参考其他部件的零件。

为了阻止零件的移动，在创建关联零部件时，将自动添加在位配合。因为这些零件的特征是在装配体环境下通过外部参考与相关联的几何体联系起来的。零部件位置的变化将会导致不希望的几何体的变化。

1. 替换在位配合　删除在位配合后，可以使用标准的配合技术重新添加配合，也可以使零件有一定的平移自由度。一般最好先确定好要添加在位配合的面，这个面的垂直方向将被作为零件能够移动的方向。

2. 删除在位配合　当删除在位配合时，在出现确认对话框后将会出现一条警告信息："在装配体中用在位配合所放置的零件基本草图包含对其他实体的参考，此配合方式删除后，因为此零件将不再相对于装配体被放置，因此这些参考可能会以不预期的方式做更新，请问是否现在消除这些参考？（不会删除任何几何体）。"

如果单击【否】，只会删除在位配合关系，不会删除参考（包括外部参考），如图 2-34 所示。如果单击【是】，在位配合和所有的外部参考将都被删除，如图 2-35 所示。这些选项对删除外部参考很有帮助。

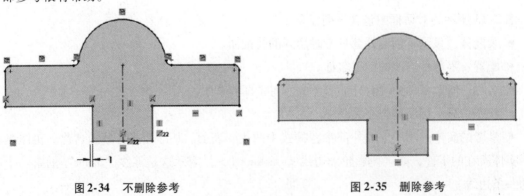

图 2-34　不删除参考　　　　　　　　　　　　　图 2-35　删除参考

步骤 15 删除在位配合 选择 "Sliding_Jaw" 零件，在关联工具栏中单击【查看配合】🔗。【删除】在位配合，因为要保留外部参考，所以在弹出的消息框中单击【否】，关闭零件的【查看配合】对话框。

步骤 16 添加配合 现在可以安全地移动零件 "Sliding_Jaw" 并重新进行配合。因为参考都被锁定，该特征不会跟随关联几何体的变化而更新。添加配合来定位 "Sliding_Jaw"，同时要有适当的运动自由度。解决方案是添加同心配合和平行配合，如图 2-36 所示。

步骤 17 全部解除锁定 在 FeatureManager 设计树中右键单击 "Sliding_Jaw"，然后单击【外部参考】。单击【全部解除锁定】，再单击【关闭】。现在该零部件会随关联几何体的更改而更新。

步骤 18 螺旋配合 为了完成在装配体中预期的运动，将模拟 "Vise_Screw" 零部件的螺旋运动。单击【配合】🔗/【机械配合】，然后单击【螺旋】🔩，设置【圈数/mm】为 0.5。然后选择 "Vise_Screw" 的圆柱面和 "Base2" 的内部圆柱面，单击【确定】，如图 2-37 所示。

利用 <Alt> 键隐藏面更有利于选择。

步骤 19 打开和关闭 "Machine_Vise" 拖动 "Sliding_Jaw" 或转动 "Vise_Screw" 打开和关闭 "Machine_Vise"。

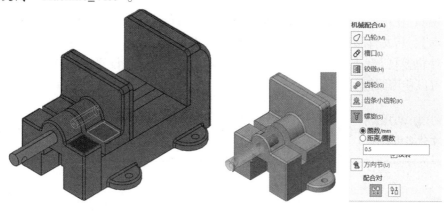

图 2-36 添加配合　　　　图 2-37 螺旋配合

步骤 20 退出 SOLIDWORKS

2.13 SOLIDWORKS 文件实用程序

SOLIDWORKS 文件实用程序可用于打开、重新命名、替换或移动 SOLIDWORKS 文件，用户可以从 Windows 资源管理器中的 SOLIDWORKS 文件上直接访问此实用程序，如图 2-38 所示。

SOLIDWORKS 文件实用程序在处理具有外部参考的文件时非常有效。例如，仅在 Windows 资源管理器中重新命名文件会断开外部参考的引用，但使用 SOLIDWORKS 文件实用程序对其重新命名则将保持这些参考引用关系。

SOLIDWORKS 文件实用程序包括：
- 【打开】：在 SOLIDWORKS 中打开文件。
- 【Pack and Go】：在 SOLIDWORKS 的【文件】菜单中也可以找到【Pack and Go】选项。
- 【重新命名】：更改文件名称并保留参考引用关系。

60

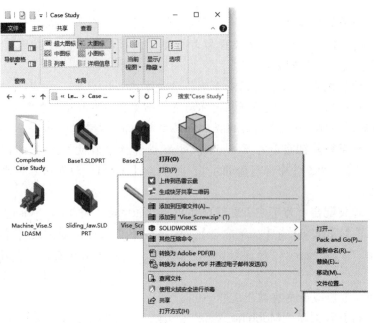

图 2-38   SOLIDWORKS 文件实用程序

- 【替换】：使用另一个文件替换当前的文件，这可能会导致配合错误。
- 【移动】：将文件移动到新文件夹并保留参考引用关系。
- 【文件位置】：为【重新命名】、【替换】和【移动】选项设置文件位置，在这些选项的对话框中也可以使用该选项。

SOLIDWORKS 文件实用程序	• 快捷菜单：在 Windows 资源管理器中右键单击一个或多个文件，然后单击【SOLIDWORKS】，再选择【打开】、【Pack and Go】、【重新命名】、【替换】、【移动】或【文件位置】。

操作步骤

步骤 1   重新命名   右键单击"Sliding_ Jaw"文件，然后单击【SOLIDWORKS】/【重新命名】。在【重命名为】栏中输入"Moving Jaw"并单击【确定】，如图 2-39 所示。文件名称已经更改，并且保留着外部参考。

图 2-39   重新命名

步骤2　打开文件　右键单击"Machine_Vise"并单击【SOLIDWORKS】/【打开】，结果如图 2-40 所示。

步骤3　保存并关闭所有文件

> ▸ 🔩 Base1<1> (Default<<Default>_D
> ▸ 🔩 Base2<1> (Default<<Default>_D
> ▸ 🔩 Jaw_Plate<1> (默认<<默认>_显示
> ▸ 🔩 Moving Jaw<1> ->x (默认<<默

图 2-40　打开文件

2.14　删除外部参考

【全部锁定】命令对于中止关联零件的修改传递非常有用，而如果需要永久性地停止修改传递，最好的方法是先使用【另存为】命令将关联零件【另存为一个副本】，然后在复制的零件中删除外部参考关系。

2.14.1　删除外部参考的原因

在装配体关联环境下创建零部件，例如"Sliding_Jaw"，将会自动创建参考关系。当用户删除配合或者在其他装配体中（非关联的）使用该零部件时，将会对原来的装配体产生影响。下面将说明几种删除外部参考的原因：

● 零部件移动。在位配合会影响零部件的移动。用户可以删除在位配合关系，但仍保持特征是关联的。如果零部件的移动没有与参考几何体一致，那么关联特征将会在零部件重新定位时失去关联。

● 重复利用数据。一个零部件可以在多个装配体中使用。但是在使用之前，零部件必须处于非关联状态。

技巧🔑

　　在现有装配体中创建一个标准零件"Jaw_Plate"，就可以在不同装配体中重复利用。这样，即使在不相关的其他装配体中使用该零件，也不会对原来的装配体产生影响。如果很多特征有外部参考，用户最好从设计树中最后的特征开始，沿设计树向上逐个编辑具有外部参考的特征。另一种方法是将文件保存为其他格式，如 Parasolid、IGES 或者 STEP 格式。在 SOLIDWORKS 中，通过中间文件引入的只是一个没有特征的实体，所以不容易更改。

操作步骤

步骤1　将零件"Jaw_Plate"另存为　单击零件"Jaw_Plate"，选择【打开零件】📥，打开零件"Jaw_Plate"。选择【文件】/【另存为】。这时，系统会弹出提示信息，让用户选择将文件以一个新的名称另存或另存为一个文件副本。对话框中还有每个选项的结果描述。【另存为】选项将用新文件替换装配体中的原始文件，而【另存为副本】选项则不会。

扫码看视频

提示👆

　　只有在打开参考文件（装配体文件）的情况下才出现此提示信息。

步骤2　另存为副本并打开　把零件另存为一个备份文件"Free_Jaw_Plate"。注意要单击【另存为副本并打开】，并将副本命名为"Free_Jaw_Plate"，单击【保存】并关闭原始文件。

步骤3　评估特征　此时，备份文件"Free_Jaw_Plate"处于激活状态，但是装配体并未被更改。观察一下零件的FeatureManager设计树，检查零件的外部参考，会看到在某些特征和草图后面有一个"->?"符号，这表示存在外部参考，且这些参考是非关联的，如图2-41所示。

尽管备份的零件已经拥有装配体的参考，但它并不属于装配体，所以它们是非关联的。为了使零件可以独立进行修改，用户还应该编辑每个标有"->?"符号的特征和草图，删除它们的外部参考。

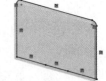

图2-41　评估特征

⚠ 注意　在某些情况下只有草图是派生的，而特征本身不是派生的，但草图和特征都会标记"->?"符号。

2.14.2　编辑删除参考

通过另存为备份文件，现在零件中的所有外部参考都没有被激活。那么如果修改了零件"Free_Jaw_Plate"中的特征尺寸，将会发生什么样的情况呢？例如，没有定义基体特征的大小，应如何改变零件"Free_Jaw_Plate"？

如图2-42所示，创建一个独立于装配体的关联零部件，且其特征处于可编辑状态时，所有带有"->"符号的特征都可以进行编辑并修改几何体的约束方式。虽然所有的外部参考都已经断开了，但零件依旧是按照参考建立的。可以通过编辑零件中的草图和特征来删除外部参考，这会改变特征的设计意图。

图2-42　创建零部件

💡 提示　零件"Free_ Jaw_ Plate"是一个只有一个特征的简单示例，但如果多个特征存在外部参考，最好的做法是从FeatureManager设计树的底部开始修复直到基本特征。通常的做法是从最后一个特征开始，以防止重建错误，因为在修复父特征之前已经修复了子特征。

1. 编辑特征的策略　不同的特征有不同的编辑方法，下面介绍几种常用特征的编辑方法。

● 草图几何关系。在草图中通过【显示/删除几何关系】命令，删除相关联的几何关系和尺寸。然后再手动或者通过【完全定义草图】命令完全定义草图。

● 派生草图。使用【解除派生】命令解除派生草图与其父草图的链接。

● 草图平面。通过【编辑草图平面】替换存在外部参考的草图平面。

● 拉伸。编辑拉伸特征，使用相同距离的【给定深度】终止条件替换原有的【成形到一面】或【到离指定面指定的距离】。

● 装配体特征。装配体特征只存在于装配体环境中，很难保存为零件文件。一种方法是将必要的几何体复制到零件中，然后再删除装配体特征；另一种方法是编辑装配体特征，选择【将特征传播到零件】，将作用于零部件的特征加载到零件中。

2. 由等距实体和转换实体引用生成的几何体　由【等距实体】或【转换实体引用】创建的

几何体，它们的位置和方向都严格地位于被参考的边上。当【等距】或【在边线上】等几何关系被删除后，几何体不再含有任何其他的关联，如相切、水平、竖直或共线。【完全定义草图】工具是一个添加必要的关系和尺寸的实用工具，用于重新定义草图的几何体。

步骤 4　编辑草图　草图是外部参考的主要来源。如果一个特征中的任何一个草图存在外部参考，则这个特征名称会有"－＞"后缀。编辑"凸台－拉伸 1"特征的草图。

步骤 5　显示/删除几何关系　单击【显示/删除几何关系】，利用下拉菜单选择【在关联中定义】来过滤。单击【删除所有】，单击【确定】，结果如图 2-43 所示。

图 2-43　删除几何关系

提示　　即使草图约束被删除，其位置和尺寸不会改变，仍和原来的一样。

步骤 6　完全定义草图　单击【完全定义草图】，确保【几何关系】和【尺寸】复选框都被勾选，更改尺寸的原点为草图轮廓左下角。在【要完全定义的实体】组框中，选择【所选实体】，并选择除了草图轮廓底端的三条线段外的所有实体。单击【计算】预览约束，单击【确定】接受约束，如图 2-44 所示。

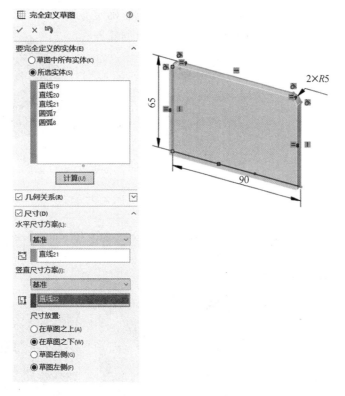

图 2-44　完全定义草图

步骤 7　清理草图轮廓　在草图轮廓上删除三条直线，重新画出一条水平直线。在新直线和原点之间添加中点关系来完全定义草图，如图 2-45 所示。

步骤8　查看结果　退出草图。零件没有外部参考，可以安全地在其他装配体中使用。除了在 FeatureManager 设计树中可以明显地看到没有外部参考符号之外，还可以利用【文件】/【查找参考文件】，或者通过右键单击 FeatureManager 设计树顶层，然后单击【外部参考】，确认是否有参考列出，如图2-46所示。

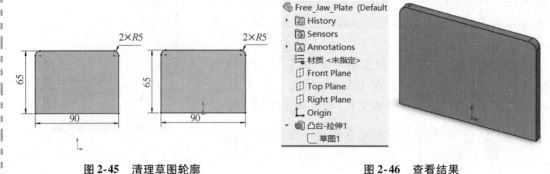

图 2-45　清理草图轮廓　　　　　　　　图 2-46　查看结果

步骤9　保存并关闭所有文件

练习 2-1　创建关联特征

在"Oil Pan Assy"装配体中，"Pipe"零件已经被正确定位，但"Oil Pan"零件并没有创建相应的法兰。本练习的任务是利用关联特征创建法兰和孔（见图2-47）。

本练习将应用以下技术：

● 关联特征。

单位：mm。

图 2-47　创建关联特征

操作步骤

步骤1　打开装配体　从文件夹"Lesson02 \ Exercises \ InContextFeatures"内打开装配体"Oil Pan Assy"。

步骤2　编辑零件　编辑零件"Oil Pan"，添加法兰特征，如图 2-48 所示。

设计意图如下：

● "Oil Pan"法兰与配合"Pipe"的法兰特征必须共享同一个轮廓。

● "Oil Pan"法兰需要有3°的拔模角度。

图 2-48　编辑零件

- 为了匹配"Pipe"的特征，法兰的螺纹孔和油孔应具有相同的直径和位置。
- 圆角半径是2mm。

步骤3　保存并关闭文件

练习2-2　自顶向下的装配体建模

本练习的任务是利用现有装配体"TOP DOWN ASSY"中的几何体创建零件"Cover Plate"，如图2-49所示。

本练习将应用以下技术：

- 自顶向下的装配体建模。
- 定位新零件。
- 常用工具。
- 保存虚拟零件为外部文件。

单位：mm。

图 2-49　零件"Cover Plate"

步骤1　打开装配体　从文件夹"Lesson02 \ Exercises \ Top Down Assy"内打开装配体"TOP DOWN ASSY"。

步骤2　插入新零件　插入一个新零件。将新零件的前视基准面定位到图2-50所示高亮的面。

步骤3　关联特征　零件"Cover Plate"的设计意图如下：

- 必须和主体零件"Main Body"的内径相关联。
- 必须和零件"Ratchet"的外径相关联。
- 必须和零件"Wheel"的外径相关联。

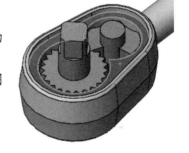

图 2-50　插入新零件

如图2-51所示，结合设计意图确定零件的形状和关系。间隙尺寸为："Cover Plate"到"Main Body"距离为0.20mm，"Cover Plate"到"Ratchet"距离为0.10mm，"Cover Plate"到"Wheel"距离为0.10mm。

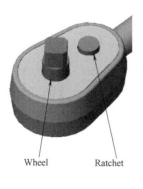
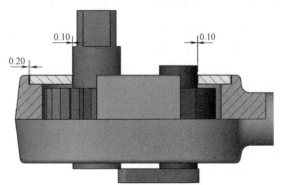

图 2-51　配合间隙尺寸

步骤4 **保存为外部文件** 保存"Cover Plate"为外部文件，并与装配体在同一个文件夹内。

步骤5 **间隙检查** 使用【间隙验证】来检查"Ratchet"与"Wheel"之间的间隙。

步骤6 **更改零件**（可选操作） 通过更改"Cover Plate"在装配体中的参考零件来测试其关联特征，如图2-52所示。重建装配体查看更改结果。

步骤7 **保存并关闭文件**

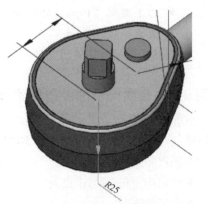

图2-52 测试关联特征

练习2-3 删除外部参考

修改零件"Sliding_Jaw"的副本，使其没有外部参考。本练习有多个特征需要修改，如图2-53所示。

本练习将应用以下技术：

- 编辑删除参考。
- 编辑特征策略。

单位：mm。

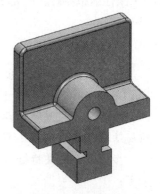

图2-53 删除外部参考

操作步骤

步骤1 **打开零件** 从文件夹"Lesson02 \ Exercises"内打开零件"Free_Sliding_Jaw"。该零件是在前面章节中创建的关联零部件的副本。

步骤2 **评估零部件特征** 包含外部参考零件的特征会标有符号"->?"。在过滤器中输入"sk"搜索，显示零部件中所有草图。如果草图有外部参考，则会显示该符号。可以从展开视图中看出，外部参考存在于内含的草图中。

用户最好从FeatureManager设计树中最后的特征开始向上逐个编辑具有外部参考的特征，这样可以防止重建错误，因为在修复父特征之前已经修复好了子特征。本例将按如下顺序进行编辑：

- Cut – Extrude1。
- Boss – Extrude2。
- Boss – Extrude1。

步骤3 **编辑草图** 编辑特征"Cut – Extrude1"的"Sketch3"，该草图中包含一个等距几何关系。

步骤4　删除等距尺寸　删除等距尺寸会出现提示信息："在草图中删除等距尺寸将会同时删除等距几何关系。是否继续?"。单击【是】。

步骤5　添加尺寸　添加如图2-54所示的尺寸和【同心】几何关系来完全定义草图。退出草图，在 FeatureManager 设计树中的"-＞?"符号消失了。

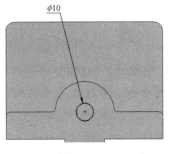

图2-54　添加尺寸

● **显示/删除关系和完全定义草图**　另外一种处理几何关系的方式是使用【显示/删除关系】，然后再使用【完全定义草图】。【显示/删除关系】可以过滤草图中现有的约束，只显示在关联环境下生成的关系，并将它们删除。【完全定义草图】是根据几何体现在的位置来推理存在的几何关系，并自动添加这些几何关系，而不需要任何外部参考。

步骤6　编辑草图　编辑特征"Boss – Extrude2"的"Sketch2"。删除草图轮廓底部的三条线段，绘制一条水平直线穿过轮廓底部。图2-55所示为反转实体的结果。

步骤7　显示/删除关系　使用【显示/删除关系】删除所有【在关联中定义】的关系。

步骤8　完全定义草图　单击【完全定义草图】，在【要完全定义的实体】下选择【草图中所有实体】，勾选【几何关系】和【尺寸】复选框。然后更改尺寸的原点为草图左下角，如图2-56所示。

单击【计算】预览结果，提示信息框会提示目前的输入不能完全定义草图。单击【确定】，完成该命令。

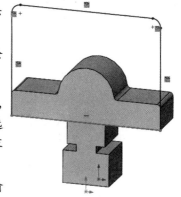

图2-55　编辑草图

步骤9　添加几何关系　要想完全定义此草图，必须将它和其他零部件几何体相关联。在草图轮廓的左下角和"Boss – Extrude1"的顶点处添加【重合】配合，如图2-57所示。

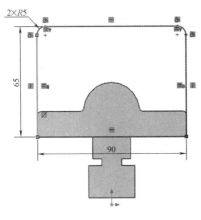

图2-56　完全定义草图

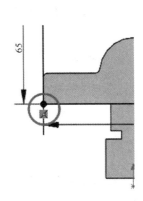

图2-57　添加【重合】配合

提示　　添加【重合】配合的快捷方法：将草图轮廓的左下角点拖至"Boss – Extrude1"的顶点。

步骤 10　编辑尺寸　尽管草图是完全定义的，但还需要一些更改来更好地满足零件的设计意图。删除尺寸 90mm，然后添加另一个【重合】配合，以确保特征的宽度会随着基体特征的改变而更新，如图 2-58 所示。退出草图。

步骤 11　编辑基体特征草图　编辑"Boss – Extrude1"的草图，删除所有【在关联中定义】的关系。利用【完全定义草图】工具在竖直中心线和轮廓的底部线条添加尺寸，如图 2-59 所示。单击【确定】✔。

步骤 12　添加【重合】配合　在草图原点和中心线的最底端点处添加【重合】配合，如图 2-60 所示。退出草图。

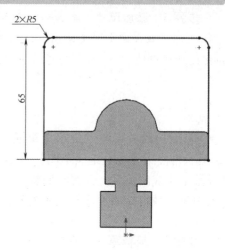

图 2-58　编辑尺寸

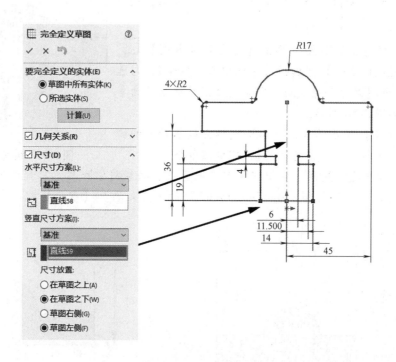

图 2-59　添加草图尺寸

步骤 13　查看结果　该零件不存在任何外部参考，如图 2-61 所示。

步骤 14　保存并关闭文件

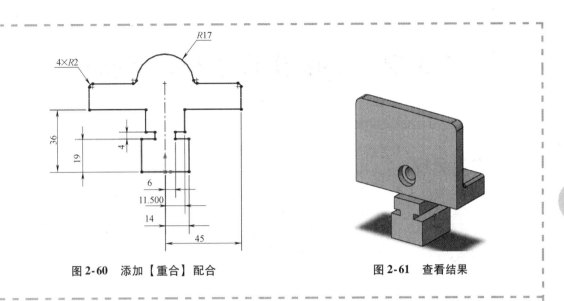

图 2-60 添加【重合】配合   图 2-61 查看结果

第3章 装配体特征和智能扣件

 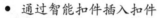
- 在装配体中创建特征
- 创建特征以代表装配后的加工工序
- 通过智能扣件插入扣件
- 创建和使用智能零部件
- 创建和使用柔性零部件

3.1 概述

装配体特征是在装配体完成后所做的操作。大部分装配体特征都是去除材料,代表着装配后的加工工序。

智能扣件是将零件库中的扣件一次性插入到多个孔内,如图 3-1 所示。

3.2 实例:装配体特征

本章从一个与前面章节创建的装配体相似的模型开始,对其增加新的特征和扣件,以将"Jaw_Plate"固定在装配体的其他零部件上。

创建装配体特征主要包括以下处理流程:

1)创建标准的装配体特征。创建一个切除多个零部件的标准装配体特征。

2)创建孔系列装配体特征。创建一个孔,其锥孔始于零件

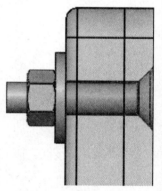

图 3-1 智能扣件示例

"Jaw_Plate",底部螺纹孔止于零件"Base1"。

3)使用已有的孔系列特征创建新孔。使用零件"Jaw_Plate"的孔尺寸和位置在零件"Sliding_Jaw"上创建通孔。

4)在孔内插入扣件。使用智能扣件在装配体中插入螺钉、垫圈和螺母。智能扣件能基于孔的类型和尺寸自动选取最佳的扣件。

3.3 装配体特征

装配体特征是只存在于装配体中的特征,并可以被阵列。零部件在装配体中配合好以后,可以使用装配体切除特征从装配体中切除所选择的零部件。装配体特征常用来代表装配后的加工工序,也可以通过切除选中的单个零部件或全部零部件来创建装配体的剖视图。

装配体特征的类型包括异形孔向导、简单直孔、拉伸切除、旋转切除、扫描切除、圆角、倒角、焊缝、皮带/链和孔系列。

关于标准装配体特征的几点说明如下:

1）标准装配体特征只存在于装配体中。

2）它们可以是基于孔的特征（【异型孔向导】和【简单切除】）、拉伸、旋转、扫描、圆角或倒角，但是它们始终是去除材料的。

3）可以通过配置来控制装配体特征的可见性。

4）可以利用装配体中的任何基准面或模型表面作为装配体特征的草图平面。

5）草图可以包含多个封闭的轮廓。

6）【特征范围】中的设置项决定了哪些零部件将会被装配体特征影响。

7）装配体特征可以被阵列，且装配体特征的阵列也可以用来阵列零部件。

3.3.1　特殊情况

装配体特征的特殊情况包括几种不同于标准装配体特征规则的类型：

1）【孔系列】特征始终会作用到零件层级。

2）装配体特征可以通过勾选【将特征传播到零件】复选框而传播到零件文件中。

3）【焊缝】特征会添加材料。

知识卡片	装配体特征	• CommandManager：【装配体】/【装配体特征】 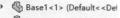。 • 菜单：【插入】/【装配体特征】。

3.3.2　标准装配体特征

创建标准装配体特征的方法类似于创建模型特征，它们要么基于草图，要么应用于边线，但始终都是切除，并且只存在于装配体层级。

下面是创建基于草图拉伸的装配体特征的步骤：

1）在装配体的平面或基准面上创建一个新的草图。

2）创建草图几何体。可以通过草图关系和尺寸来完全定义草图上的几何体。

3）创建拉伸切除特征，并使用【特征范围】控制哪些零部件被切除。该切除只存在于装配体层级，不会存在于零部件层级。

操作步骤

步骤 1　打开装配体　打开 Lesson03 \ Case Study 文件夹下的"Machine_Vise"装配体。

步骤 2　选择面　翻转装配体，在"Base2"零件上选中一个面，如图 3-2 所示。

步骤 3　新建草图　新建草图，"草图 1"会显示在 FeatureManager 设计树的底部，如图 3-3 所示。由此草图创建的特征将被放置在设计树中相同的位置。

> ▸ 🧊 Base1<1> (Default<<Def...
> ▸ 🧊 Base2<1> (Default<<Def...
> ▸ 🧊 Jaw_Plate<1> -> (Default...
> ▸ 🧊 Sliding_Jaw<1> ->* (Def...
> ▸ 🧊 (-) Vise_Screw<1> (Defau...
> ▸ 🧊 Jaw_Plate<2> -> (Default...
> ▸ 🕮 Mates
> 　🗋 (-) 草图1

扫码看视频　　　　**图 3-2　选择面**　　　　**图 3-3　新建草图**

> **提示** 此时【装配体关联草图通知】对话框会显示在界面上。此警告说明用户已经在这个装配体的关联中开始绘制草图，而不是在一个零部件或子装配体中。这不是错误提示，它只是提醒用户当前正在创建一个基于装配体的草图。该提示会自动关闭。

步骤 4 绘制矩形 绘制一个跨过两个零部件表面的中心矩形，并与边线附加上关系。添加的尺寸约束如图 3-4 所示。

步骤 5 拉伸切除 单击【插入】/【装配体特征】/【切除】/【拉伸】，并设置深度为 10mm。展开【特征范围】选项组，取消勾选【自动选择】复选框并选择零件"Base1"和"Base2"，如图 3-5 所示，单击【确定】。将切除特征重命名为"Sliding_Jaw travel lock"。

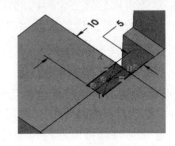

图 3-4 绘制矩形

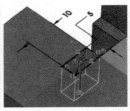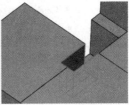

图 3-5 拉伸切除

> **提示** 【自动选择】选项将根据拉伸的位置和方向自动选择零部件。

步骤 6 打开零件 打开零件"Base1"和"Base2"，确认在零件层级上没有装配体特征的切除，如图 3-6 所示。关闭零件并保存装配体。

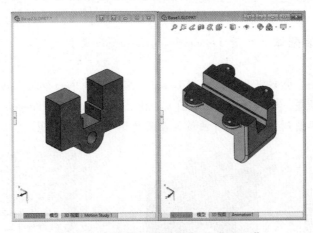

图 3-6 查看零件"Base1"和"Base2"

> **提示** 本章以孔系列装配体特征为例进行介绍。

3.4　孔系列

【孔系列】是一种特殊的装配体特征,利用它可以在装配体的各个零件上创建孔特征。所创建的孔特征贯穿与孔轴线相交的所有未被压缩的零件(这些零件可以不接触)。与其他装配体特征不同的是,【孔系列】可以在各个零件中作为外部参考特征而存在。如果在装配体中编辑【孔系列】,那么【孔系列】所作用的零件同样会进行相应的修改。关于【孔系列】的几点说明如下:

1)【孔系列】生成的孔可以存在于装配体层级和零件层级中(这点与其他装配体特征不同)。

2)可以利用装配体中的任何基准面或模型表面作为【孔系列】的草图平面。

3)【孔系列】可使用【完全贯穿】、【到下一面】、【成形到一面】和【到离指定面指定的距离】终止限定条件。

4)【孔系列】不能通过标准的【异形孔向导】来创建。

5)可以使用【编辑特征】命令编辑成形的孔,但只能在装配体中进行编辑。这会将更改传递到孔系列的所有零件中。

6)由【异形孔向导】生成的孔特征可作为【孔系列】特征中的开孔源特征。

7)【孔系列】作用中的最初零件、最后零件和中间零件可以使用不同的孔径尺寸。可以通过一个选项自动执行这种不同尺寸的设置,如图 3-7 所示。

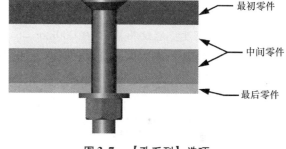

图 3-7　【孔系列】选项

（图中标注：最初零件　中间零件　最后零件）

• 【孔系列】向导　【孔系列】向导由五个选项卡组成,用来定义孔的位置和规格。

1)【孔位置】⬚:确定草图点作为孔中心位置。

2)【最初零件】⬚:定义开始孔的参数。

3)【中间零件】⬚:定义最初零件与最后零件之间的孔参数。

4)【最后零件】⬚:定义结尾孔的参数。

5)【智能扣件】⬚:将智能扣件插入孔系列中,此选项卡仅在安装和激活 SOLIDWORKS Toolbox 时才可以使用。

知识卡片	孔系列	• CommandManager:【装配体】/【装配体特征】⬚/【孔系列】⬚。
		• 菜单:【插入】/【装配体特征】/【孔】/【孔系列】。

> 提示　【孔系列】特征可以用 2D 草图或 3D 草图来定位。3D 草图对于定位多个面或者非平面的孔非常实用。若使用 2D 草图点定位孔,要确保事先已选择好放置孔的平面。

步骤7　选择表面　选择"Jaw_Plate<1>"的表面。预先选择该面以创建 2D 而非 3D 的草图,如图 3-8 所示。单击【孔系列】⬚。

步骤8　**设置孔位置**　在【孔位置】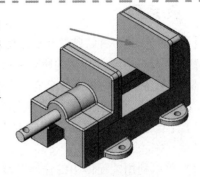选项卡内选择【生成新的孔】，添加草图点作为孔的中心。添加尺寸标注和对称约束以完全定义草图，如图3-9所示。

步骤9　**定义最初零件**　单击【最初零件】选项卡并进行如下设置（见图3-10）：

- 开始孔规格：锥形沉头孔。
- 标准：ANSI Metric。
- 类型：平头螺钉- ANSI B18.6.7M。
- 大小：M5。

图3-8　选择表面

步骤10　**定义中间零件**　单击【中间零件】选项卡，勾选【根据开始孔自动调整大小】复选框。在本例中，只有最初零件和最后零件。

步骤11　**定义最后零件**　单击【最后零件】选项卡并进行如下设置：

- 结尾孔规格：直螺纹孔。
- 类型：底部螺纹孔。
- 大小：M5×0.8。
- 盲孔深度：螺纹孔钻孔10.000mm。

按图3-11所示完成其他设置，然后单击【确定】✔以添加孔。

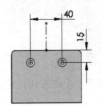

图3-9　设置孔位置

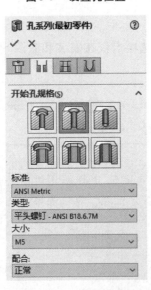

图3-10　定义最初零件

图3-11　定义最后零件

步骤12　剖视图　使用【剖面视图】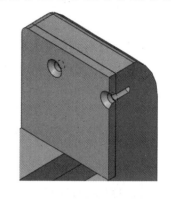工具查看生成的孔系列，如图 3-12 所示。注意孔同时穿过 "Jaw_Plate〈1〉" 和 "Base1"，关闭剖视图。

步骤13　FeatureManager 设计树　完成孔系列后，在装配体中生成一个孔特征，这个特征用来控制每一个零部件中的孔，如图 3-13 所示。

步骤14　检查零部件　选择零件 "Jaw_Plate<1>"，单击【打开零件】。此时孔在零件中出现（见图 3-14），并且 "M5 平头机械螺钉的锥形沉头孔1" 特征显示在 FeatureManager 设计树中。保存并关闭 "Jaw_Plate" 零件，返回到装配体环境。

图 3-12　查看剖视图

步骤15　查看零件的另一个实例　旋转装配体以查看此零件的另一个实例 "Jaw_Plate<2>"。如图 3-15 所示，孔特征已被添加到这个实例上，这是因为孔已被添加到零件中。

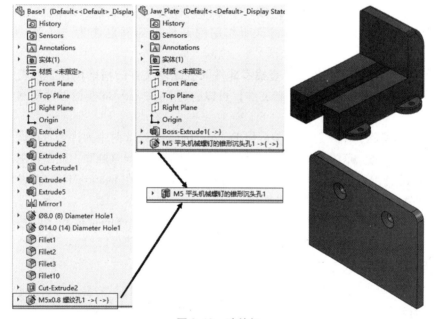

图 3-13　孔特征

图 3-14　检查零部件

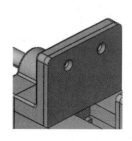

图 3-15　查看零件的另一个实例

3.4.1　时间相关特征

装配体特征是 SOLIDWORKS 中很多时间相关特征中的一种。它是在装配体中的零部件更新后再按照先后顺序进行更新的。

下面列出了一些时间相关特征：

- 装配体特征。
- 关联特征和关联零部件。
- 装配体中的参考几何体（参考平面或基准轴）。
- 装配体中的草图几何体。
- 零部件阵列。

1. 时间相关特征的配合　当零部件与时间相关特征建立配合关系时，只有在时间相关特征更新后才能定位零部件。

最佳做法是尽量不要与时间相关特征建立配合关系，除非这是实现设计意图的唯一方法。在不使用时间相关特征时，用户可以利用其他更加灵活的方法定义零部件的位置，这时零部件的顺序不会影响到配合关系。

2. 父/子关系　与零件中的特征类似，零部件同样有父/子关系。最简单的自底向上的零部件只将配合组作为"子"，装配体特征所作用的其他零部件也作为"子"，并具有装配特征。

3. 查找参考　【查找参考】用于查找零部件及装配体文件的精确位置。列表中为每个使用的参考提供了全路径名称。使用【复制文件】可以通过 Pack and Go 实用程序复制文件到另一个目录。

4. 调整顺序和退回　用户可以在装配体 FeatureManager 设计树中为许多特征调整顺序。诸如装配体基准面、基准轴、草图和配合组中的配合等项目都可以调整顺序，而默认的基准面、装配体原点和默认的配合组不能调整顺序。用户还可以调整零部件在 FeatureManager 设计树中的顺序从而控制工程图材料明细表中的零部件顺序。

【退回】可以在时间相关特征（如装配体特征和基于装配体的特征）之间移动。注意，如果退回到配合组前，将压缩由这个配合组控制的所有配合和零部件。

3.4.2　使用现有孔的孔系列

【孔系列】是创建与现有孔相一致的孔的一种很实用的工具。当最初零件中已经存在孔时，选中【使用现有孔】选项，即可创建与现有孔一样的孔。

在上一小节中，零件"Jaw_Plate"上已经创建了一组孔。本节将在不向"Jaw_Plate"上添加更多孔的情况下，把匹配孔添加到"Sliding_Jaw"中。

步骤16　创建孔系列　选择"Sliding_Jaw"上的平面，单击【孔系列】，可使用【选择其他】或穿过"Jaw_Plate <2>"选择该平面，如图3-16所示。

步骤17　孔位置　在【孔位置】选项卡内选择【使用现有孔】，选择"Jaw_Plate <2>"上的一个锥形沉头孔，如图3-17所示。

步骤18　设置最初零件和中间零件　【最初零件】和【中间零件】选项卡中的设置与现有孔一致。

"Sliding_Jaw"的表面
(为了便于描述,"Jaw_Plate<2>"被隐藏)

图 3-16　创建孔系列　　　　图 3-17　孔位置

步骤 19　设置最后零件　单击【最后零件】<U>选项卡,进行如图 3-18 所示的设置:

- 结尾孔规格:孔。
- 勾选【根据开始孔自动调整大小】复选框。
- 终止条件:完全贯穿。

单击【确定】✔以添加孔。

步骤 20　查看零件模型　选择零件"Sliding_Jaw",单击【打开零件】,如图 3-19所示。注意到孔在零件中出现,并且"M5 间隙孔 1"特征显示在 FeatureManager 设计树中。

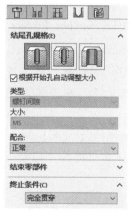

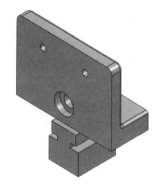

图 3-18　设置最后零件　　　　图 3-19　查看零件模型

保存和关闭"Sliding_Jaw"零件,返回到装配体环境。

步骤 21　保存文件　保存但不关闭装配体文件。

3.5　智能扣件

如果装配体中包含特定规格的孔、孔系列或孔阵列,【智能扣件】可以自动添加扣件(如螺栓和螺钉)。【智能扣件】使用 SOLIDWORKS Toolbox 标准件库,此库中包含大量 GB、ANSI Inch、ANSI Metric 等多种标准件。用户还可以向 Toolbox 数据库添加自定义的设计,并作为【智能扣件】来使用。

3.5.1 扣件默认设置

向装配体中添加新扣件时，扣件的默认长度根据装配体中的孔的深度而定：如果孔是不通孔，扣件的长度采用标准长度系列中相邻的比孔深度小的长度；如果孔是通孔，扣件的长度采用标准长度系列中相邻的比孔深度大的长度；如果孔比最长的扣件长度还要深，则采用最长的扣件。

使用【异形孔向导】或【孔系列】创建孔特征，可以最大限度地利用智能扣件的优势。向导中给定的标准尺寸能够与螺钉或螺栓匹配。对于其他类型的孔，用户可以自定义【智能扣件】，添加任何类型的螺钉或螺栓并作为默认扣件使用。在装配体中添加扣件时，扣件可以自动与孔建立重合和同心配合关系。

知识卡片	智能扣件	【智能扣件】自动地给装配体中所有可用的孔特征添加扣件，这些孔特征可以是装配体特征，也可以是零件中的特征。用户可以给指定的孔或阵列，指定的面或零部件(所选面或零部件中的所有孔)及所有合适的孔添加扣件。
	操作方法	● CommandManager：【装配体】/【智能扣件】📷。 ● 菜单：【插入】/【智能扣件】。

步骤 22 激活 Toolbox 插件 使用智能扣件需要激活 SOLIDWORKS Toolbox 插件，方法为单击【工具】/【插件】，然后勾选【SOLIDWORKS Toolbox Library】复选框，再单击【确定】。单击【智能扣件】📷，在弹出的消息框中单击【确定】。

步骤 23 添加智能扣件 选择"Jaw_Plate<1>"的面，单击【添加】。智能扣件识别出两个孔为"M5 平头机械螺钉的锥形沉头孔"，并将同时填充孔，如图 3-20 所示。

步骤 24 定义大小 在 PropertyManager 中，扣件的【结果】列表组中列出了所要添加的扣件。可以在孔中预览选中的扣件，标签中会显示当前扣件的大小，并可以修改，如图 3-21 所示。

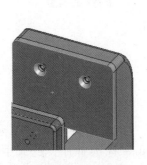

图 3-20 添加智能扣件

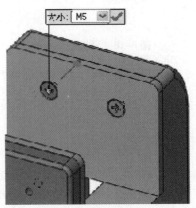

图 3-21 定义大小

步骤 25　设置系列零部件　如图 3-22 所示，勾选【自动调整到孔直径大小】复选框，其他设置都为默认设置。单击【确定】，两种螺钉被插入孔中。

步骤 26　查看 FeatureManager 设计树　在 FeatureManager 设计树中出现一个"智能扣件 1"文件夹及两个螺钉，如图 3-23 所示。

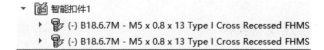

图 3-22　设置系列零部件　　　　　　　　　 图 3-23　FeatureManager 设计树

3.5.2　配置智能扣件

【异形孔向导/Toolbox】用来配置智能扣件，包括默认扣件和【自动扣件更改】，如图 3-24 所示。如果孔是由异形孔向导或者孔系列创建的，扣件类型可以通过相关对话框中的孔标准、类

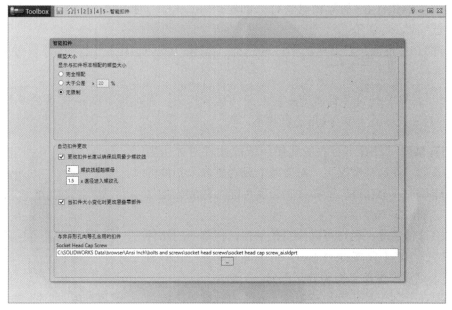

图 3-24　配置智能扣件

型和扣件来确定。如果孔是由其他方法创建的，如凸台的内部轮廓、拉伸切除或者旋转切除，智能扣件将根据孔的物理尺寸选择一个合理的扣件直径。

知识卡片	配置 智能扣件	• 菜单：单击【选项】⚙/【系统选项】/【异型孔向导/Toolbox】，然后再单击【配置】/【配置智能扣件】。 • 任务窗格：单击【设计库】🗄选项卡，单击【配置 Toolbox】🔩。

3.5.3 孔系列零部件

孔系列零部件允许用户更改扣件的类型。在创建扣件时，用户可以添加顶部或底部层叠零部件。右键单击扣件，在快捷菜单中用户可以更改扣件类型或恢复为默认扣件类型。

• 扣件：右键单击扣件，选择【更改扣件类型】来更改扣件，或选择【使用默认紧固件】以返回到默认。

• 顶部层叠：单击【添加到顶层叠】允许用户在扣件头下添加螺垫。

• 底部层叠：单击【添加到底层叠】允许用户在扣件尾部和孔系列尾部的下面添加螺母和螺垫。

> 💡提示 前面所用到的智能扣件中不包括层叠，因为孔的类型是锥孔；也不包含底部层叠，因为孔的类型是螺纹孔。

3.5.4 修改现有扣件

在添加了扣件以后，可以通过多种方法来修改扣件，如图 3-25 所示。

• 孔系列特征：右键单击孔系列特征并选择【编辑特征】。由这个特征创建的所有孔以及由这些孔生成的扣件都将会被编辑。

• 智能扣件特征：右键单击智能扣件特征并选择【编辑智能扣件】。所有由这个特征创建的扣件将会被编辑。

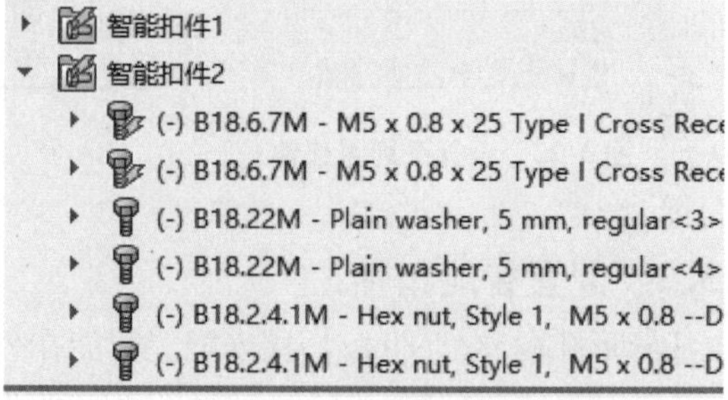

▸ 📇 智能扣件1
▾ 📇 智能扣件2
　▸ 🔩 (-) B18.6.7M - M5 x 0.8 x 25 Type I Cross Rece
　▸ 🔩 (-) B18.6.7M - M5 x 0.8 x 25 Type I Cross Rece
　▸ 🔩 (-) B18.22M - Plain washer, 5 mm, regular<3>
　▸ 🔩 (-) B18.22M - Plain washer, 5 mm, regular<4>
　▸ 🔩 (-) B18.2.4.1M - Hex nut, Style 1, M5 x 0.8 --D
　▸ 🔩 (-) B18.2.4.1M - Hex nut, Style 1, M5 x 0.8 --D

图 3-25 修改现有扣件

• 单一的扣件特征：右键单击扣件并选择【编辑 Toolbox 零部件】。这将只对此扣件进行编辑。

> ⚠️注意 不要使用【编辑草图】或者【编辑特征】来编辑 Toolbox 零件的参数，这种修改不会更新 Toolbox 数据库。

1. 分割孔系列 只有当对齐的孔使用智能扣件时才需要用到分割孔系列。在这种情况下，需要两个或者更多个扣件的地方可能只能添加一个扣件，而扣件的长度可能会造成该扣件穿越多个孔，如图 3-26 所示。

为了解决这种情况，用户可以分割孔系列，将单一的扣件分为多个扣件。在【智能扣件】的 PropertyManager 中单击【编辑分组】，然后根据信息拖动分割系列。

用户需要在分割孔系列后反转扣件，方法为右键单击该系列并选择【反转】。

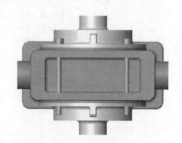

图 3-26 扣件穿越多个孔

2. 智能扣件和配置 在实际应用中，使用配置或显示状态来压缩或隐藏所有扣件的情况是

比较常见的。在装配体中的智能扣件可以简化此操作，因为它们全部显示于 FeatureManager 设计树的底部。也可以使用【选取 Toolbox】来选择。

步骤 27 添加智能扣件 单击【智能扣件】 ，选择"Jaw_Plate <2>"的面，单击【添加】。智能扣件识别出两个孔为"M5 平头机械螺钉的锥形沉头孔"，并把它们装配上去，如图 3-27 所示。

步骤 28 添加底部层叠 单击【添加到底层叠】，并选择型号及尺寸为"Regular Flat Washer- ANSI B18.22M"的垫圈。单击【添加到底层叠】，并选择型号及尺寸为"Hex Nut Style1- ANSI B18.2.4.1M"的螺母，如图 3-28 所示。单击【确定】。

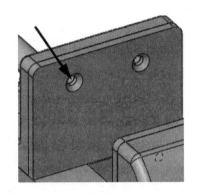

图 3-27 添加智能扣件

图 3-28 添加底部层叠

步骤 29 查看结果 两枚螺栓被插入孔中，同时，一个垫圈和螺母被添加到"Sliding_Jaw"零件的另一侧。"智能扣件 2"文件夹显示在 FeatureManager 设计树中，最终结果如图 3-29 所示。

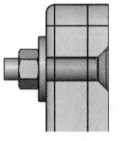

图 3-29 查看结果

步骤 30 保存并关闭所有文件

3.6 智能零部件

智能零部件是包含通用关联的零件和特征的零件。在装配体中插入一个智能零部件时，可以在一步操作中就完成相关联的零部件和特征的添加。因此，同一个智能零部件可以不限数量地插入到不同的装配体中，并且不需要额外的操作就可以把与它相关联的零部件和特征也插入到装配体中。

使用智能零部件有两个步骤。首先，将要创建的智能零部件必须是定义的装配体中的零部件，这个装配体有合适的零部件和关联特征。接下来是将智能零部件"移出"装配体，并带出零部件对应的所有配合信息。这里没有任何指向其他装配体或零部件的外部参考。

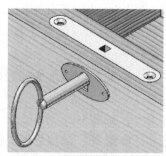

> 技巧 🔑　创建定义的装配体与用凸台创建库特征很相似。

3.7　创建和使用智能零部件

在本节中，将通过插锁装配体来演示智能零部件的创建和使用，如图 3-30 所示。使用一个现有的装配体来捕获关联门闩及锁的通用特征和零件。使用关联特征来创建与智能零部件相关联的特征。

图 3-30　插锁装配体

操作步骤

步骤 1　打开装配体　打开文件夹 Lesson03\Case Study\Smart Components 下的装配体"Box Assembly"，如图 3-31 所示。这是为智能零部件定义的装配体。

步骤 2　添加智能扣件　给现有的孔添加智能扣件，这将会添加两个"Flat Head Screw_AM"扣件，如图 3-32 所示。

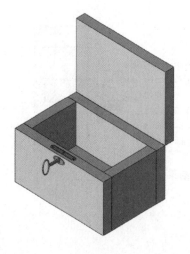

图 3-31　装配体"Box Assembly"

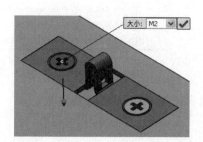

图 3-32　添加智能扣件

3.7.1　制作智能零部件

在装配体中使用【制作智能零部件】命令，选择想要制作成智能零部件的零件以及与之相关联的零部件和特征。

知识卡片	制作智能零部件	● 菜单：单击【工具】/【制作智能零部件】。

步骤3　选择零部件　单击【制作智能零部件】，选择零部件"Latch"，并选择两个"flat head screw_am"作为相关联的零部件，如图 3-33 所示。

步骤4　选择特征　在【特征】列表框中，为"Latch"选择在"Cover"中制作的关联切除特征，如图 3-34 所示。当前被选择的零部件会自动隐藏，可以单击【显示零部件】来显示。单击【确定】创建智能特征。

图 3-33　选择零部件

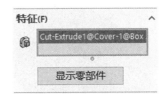

图 3-34　选择特征

步骤5　查看智能零部件图标　在零部件"Latch"前有一个带闪电的标记，表示该零部件为智能零部件，如图 3-35 所示。

步骤6　捕捉配合参考　为了自动获取"Latch"所需的配合，可以使用【配合参考】。选择零件"Latch"，然后单击【编辑零件】🖉，单击【配合参考】📎，捕捉"Latch"前面一个面的参考，单击【确定】，如图 3-36 所示。关闭【编辑零部件】模式。

步骤7　保存但不关闭装配体

▸ 🦿 (固定) 0.75x18x6<3> -> (C
▸ 🦿 0.75x24x6<1> (Default<<
▸ 🦿 0.75x24x6<2> (Default<<
▸ 🦿 Rear Panel<2> (Default<<
▸ 🦿 Bottom<1> (Default<<De
▸ 🦿 Cover<1> -> (Default<<D
▸ 🦿 Lock<1> (Default<<Defau
▸ 🦿 Key Plate<1> (Default<<D
▸ 🦿 (-) Key<1> (Default<<Def
▸ 🦿 Latch<1> -> (Default<<D
▸ 📎 Mates
▸ 📇 智能扣件1

图 3-35　查看智能零部件图标

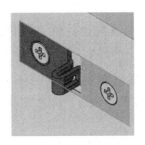

图 3-36　捕捉配合参考

3.7.2 插入智能零部件

在装配体中插入智能零部件的方法和插入常规零部件的方法相同。

步骤8 打开装配体 打开文件夹 Lesson03\Case Study\Smart Components 下的装配体 "Test"，如图3-37所示。将 "Latch" 配合到打开门里边的面上，在已保存的名称为 "2" 的视图上定位模型，以确保该面可以被访问。

步骤9 插入智能零部件 插入智能零部件 "Latch"，【配合参考】选择打开门的内表面，如有必要，在配合的弹出工具栏上单击【反转配合对齐】。添加【距离】配合，并使用【宽度】配合从另一个方向上居中放置锁，如图3-38所示。

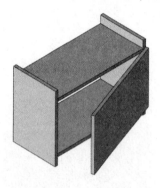 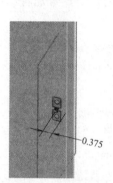

图3-37 装配体 "Test"　　　　图3-38 插入智能零部件

3.7.3 插入智能特征

在装配体中添加了智能零部件后，就能够添加智能特征和与之相关联的零部件了。这是通过使用原始装配体中的参考和选择项来完成的。

知识卡片	智能特征	● 菜单：选择智能零部件，然后单击【插入】/【智能特征】。
		● 图形区域：选择零部件并单击【插入智能特征】 🖋️。
		● 快捷菜单：右键单击智能零部件并选择【插入智能特征】。

步骤10 插入智能特征 在图形区域中单击【插入智能特征】 🖋️，勾选【当智能零部件移动/更改时更新特征和零部件大小/位置】复选框。在【参考】中，选择门内的面作为参考面。

单击【确定】 ✔，如图3-39所示。

> **提示** 在【特征】和【零部件】列表框中的特征和零部件是根据创建智能零部件时所做的选择自动添加的。用户可以根据需要清除这些特征或零部件。

步骤11 查看结果 相关联的特征和零部件被添加到装配体中，如图3-40所示。如果零部件处于爆炸显示状态，用户可以看到与零部件 "Test.14×25.5" 相关的零件和切除特征。

步骤12 查看 FeatureManager 设计树 在 FeatureManager 设计树中会显示文件夹 "Latch-1"，它包含了文件 "Latch <1>"、文件夹 "Features" 和 Toolbox 零件，如图3-41所示。

图 3-39　插入智能特征

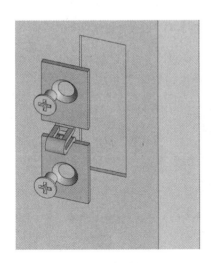

图 3-40　查看结果

图 3-41　FeatureManager 设计树

> 提示   智能零部件在模型中储存了定义装配体时的所有信息。智能零部件的 Feature-Manager 设计树中会显示一个智能特征文件夹，文件夹中包含所有关联的特征、零部件和必要的参考。

3.7.4　使用多个特征创建智能零部件

前面的例子中包含了典型智能零部件的所有元素。下面将使用多个特征和零部件制作智能零部件。

> 提示   本节所要用的关联特征已被创建。

步骤 13　添加智能扣件　返回到装配体"Box Assembly"窗口，放大零部件"Lock"所在的图形区域，添加智能扣件，如图 3-42 所示。

步骤 14　制作智能零部件　单击【制作智能零部件】，选择零部件"Lock"作为【智能零部件】，其他相关联的零部件选择如图 3-43 所示。

选择零部件"0.75×18×6"中的三个拉伸切除作为要制作的智能特征，然后单击【确定】 ✔。

步骤 15　配合参考　捕捉配合参考特征会自动配合到"Lock"的上面，如图 3-44 所示。

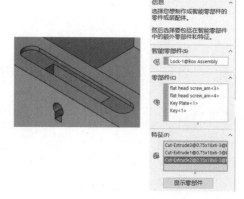

图 3-42　添加智能扣件　　　　图 3-43　制作智能零部件

步骤 16　插入并添加配合　返回到装配体"Test"，并插入智能零部件。添加配合，使它位于零部件"Test.12×18"的中间，并与它的表面对齐，如图 3-45 所示。

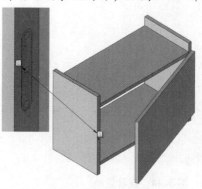

图 3-44　配合参考　　　　图 3-45　插入并添加配合

步骤 17　**新建智能特征**　给零部件"Test. 12×18"添加一个"Lock"智能特征，如图 3-46 所示。

步骤 18　**保存并关闭所有文件**

图 3-46　新建智能特征

3.7.5　使用自动调整大小

【制作智能零部件】中的【自动调整大小】选项用来确定智能零部件的位置和大小。通过选择圆柱面作为配合参考，智能零部件会根据读取的尺寸选择一个合适的配置，如图 3-47 所示。

只有轴式零件才能使用这个选项，因为它是基于圆柱的参考。本例将通过给小管（Smart_EC）添加端盖来进行说明。

 提示　　本例的重点是如何自动调整大小。尽管有些零部件和特征能够根据智能零部件被创建，但是为了便于区分，此处将不使用这些零部件和特征。

图 3-47　自动调整大小

操作步骤

步骤 1　**打开装配体**　从文件夹 Lesson03\Case Study \ AUTOSIZE 中打开装配体"Smart_Base_Assembly"，如图 3-48 所示。该装配体包含一个零部件"Smart_Drain_Pipe"。

扫码看视频

 技巧　　用这个圆柱作为小管，用零件"Smart_EC"作为端盖。注意小管是实体。在添加端盖时，只需要小管的外直径。

步骤 2　**打开零件**　打开零件"Smart_EC"，其有一个带内直径尺寸的旋转特征，如图 3-49 所示。该零件还包含用来驱动内直径的几个配置，分别对应直径为 $\frac{3}{8}$in、$\frac{1}{2}$in、$\frac{3}{4}$in 和 1in 的小管，如图 3-50 所示。关闭零件。

图 3-48 装配体 "Smart_Base_Assembly"

图 3-49 零件 "Smart_EC"

步骤3 插入零件 将零件 "Smart_EC" 拖放到装配体 "Smart_Base_Assembly" 中，使用现有的配合参考来添加 "销装入孔" 智能配合，选用配置 "12"，如图 3-51 所示。

图 3-50 零件配置

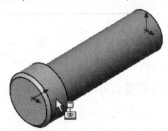

图 3-51 插入零件

步骤4 制作智能零部件 选中零件 "Smart_EC"，然后单击【制作智能零部件】。勾选【直径】复选框并选择零件的内表面，如图 3-52 所示。

图 3-52 制作智能零部件

这会生成一个有传感器的配合参考，用来决定所选面的直径。

1. 配置器表　配置器表用来为每个相关联的特征指定配置，为智能零部件的每个配置指定零部件。表中的信息可以从下拉清单中选择或者直接输入数字。

例如，小管的直径在 0.8in 和 0.9in 之间，可以选择智能零部件为 "12" 的配置，因为标准的 $\frac{1}{2}$in 小管的直径为 0.84in。

步骤 5　配置器表　单击【配置器表】，输入数值，如图 3-53 所示。数值范围符合标准的小管直径。单击两次【确定】。

提示👆　如果智能零部件包含相关联的零件和特征（如前面章节中的实例），在配置器表中会增加新的列。

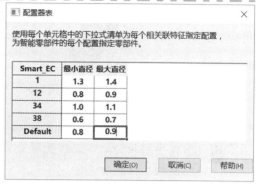
图 3-53　配置器表

步骤 6　保存并关闭所有文件

2. 智能零部件的特征　在 FeatureManager 设计树中，智能零部件包含了两个新的文件夹：文件夹 "智能特征" 和文件夹 "SmartPartSensor-<1>"，如图 3-54 所示。用来确定零部件位置的新的配合参考代替了原来的配合参考。

图 3-54　智能零部件的特征

步骤 7　打开装配体　打开装配体 "test. assembly" 如图 3-55 所示。该装配体包含多个不同角度、不同尺寸的零部件 "test pipe"。

步骤 8　插入零部件　从 Windows 资源管理器中拖动零件 "Smart_EC" 到零部件 "test. pipe. A" 并定位在圆柱面上，如图 3-56 所示。传感器将读取零部件 "test. pipe. A" 的直径（0.625in）。从配置器表中选择合适的范围。这里最合适的范围是 0.6～0.7in，所以将选择并使用配置 "38"（$\frac{3}{8}$in）。放置零部件，如有需要，使用【反转配合对齐】。

图 3-55　装配体 "test. assembly"

89

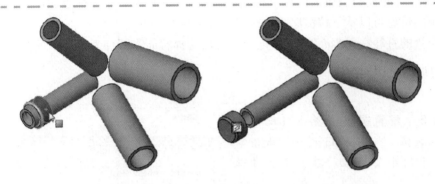

图 3-56　插入零部件

> 提示 ☝　为了使用"SmartPartSensor"配合参考，用户必须将插入的零部件拖放到管道的圆柱面上。若放置到圆形边线上将使用零件中存在的不包含自动尺寸信息的其他配合参考。

步骤 9　添加零部件　使用相同的智能零部件添加其他几个零部件，如图 3-57 所示。

> 提示 ☝　当拖放智能零部件到零部件"test. pipe. B"上时，会出现选择配置对话框。这是因为在配置器表中的这两个配置（"Default"和"12"）的直径范围是一样的。

步骤 10　保存并关闭所有文件

图 3-57　添加零部件

3.8　柔性零件

　　柔性零件是具有关联特征的零件，会根据相邻零件的运动而改变自身形状，如图 3-58 所示。通过插入和配合零件，完成的柔性零件可以在多个装配体中使用，然后通过将原始外部参考重新映射到本地选择项目上使其更加灵活。它将像原始零件一样在新装配体中工作。

　　关联特征使用的外部参考可以从多种类型的几何体创建，包括顶点、边线、表面、轴、草图几何体和平面。一般来说，使用的外部参考越少越好，因为当零件变得更加灵活时，每个参考都必须映射到新的几何体上。

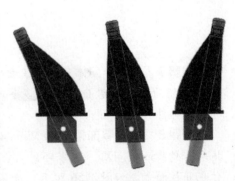

图 3-58　柔性零件

3.8.1　柔性零件的源

　　在本示例中，将在源或定义装配体中修改换档机构的盖子或防护罩。防护罩的基本形状是在矩形和圆形之间的放样创建的。矩形保持静止，但圆形随着摇杆臂移动，如图 3-59 所示。防护罩零件将用作其他相似装配体中的柔性零件。在每个装配体中，它将以相同的方式运动。

图 3-59　换挡机构　　　　　　　　　　扫码看视频

操作步骤

步骤1　打开装配体　打开 Lesson03 \ Case Study \ Flexible Components 文件夹下的装配体"Source Assembly",如图 3-60 所示。

步骤2　插入现有零件　单击【插入】/【零部件】/【现有零件/装配体】,将"Boot"放入装配体中。添加配合,将"Boot"连接到"Base"零件上,如图 3-61 所示。

图 3-60　装配体"Source Assembly"　　　　图 3-61　插入现有零件

步骤3　编辑零件　编辑"Boot"零件,创建一个新草图,并将面等距 5mm,如图 3-62 所示。退出草图。

步骤4　创建基准面和草图　创建一个距离圆柱形顶面偏移 30mm 的新平面,并命名为"Offset Plane"。在该平面上创建草图,并转换实体引用圆形边线几何体,如图 3-63 所示。退出草图。

图 3-62　编辑零件　　　　　　　　图 3-63　创建基准面和草图

步骤5　创建放样　在两个草图之间创建【放样】特征,在【开始约束】中选择【垂直于轮廓】,在【结束约束】中选择【无】,结果如图 3-64 所示。单击【确定】,返回到编辑装配体模式。

步骤6　拖动零部件　拖动"Lever"零部件,如图 3-65 所示。注意到几何体不会随位置的变化而自动更新。单击【重建模型】以强制更新几何体。

图 3-64 创建放样

图 3-65 拖动零部件

步骤7 限制角度配合 添加限制角度配合以防止过度运动。设置为 65°，范围为 40°～110°，如图 3-66 所示。

 提示  该配合不会与柔性零件一起转移。

步骤8 保存并关闭所有文件

图 3-66 限制角度配合

3.8.2 制作柔性零件

在将零部件添加到装配体并配合之后，可以使它变为柔性。此过程需要进行一些选择，以将缺失的参考重新映射到新装配体中的相似几何体上。所有缺失的参考都列在【激活柔性零部件】PropertyManager 中。

提示 一般来说，源零件中的引用越少越好，因为每个引用在零件变为柔性时都必须重新映射。

知识卡片 | 制作柔性零件 | • 快捷菜单：右键单击零部件，再单击【制作柔性零件】。

步骤9 打开装配体 打开 Lesson03＼Case Study＼Flexible Components 文件夹下的装配体"Test Assembly_1"，如图 3-67 所示。该装配体具有相似的底座和摇杆布置，并且可以使用相同的防护罩设计。

步骤10 插入零件 插入"Boot"零件并将其与"Base_1"零件的几何体和平面配合。此零件缺失参考，如图 3-68 所示。

图 3-67 装配体"Test Assembly_1"

图 3-68 插入零件

92

步骤 11　**制作柔性零件**　单击【制作柔性零件】，在【弹性参考】中展开"基准面 1"特征，如图 3-69 所示。

步骤 12　**重新映射面参考**　单击"参考的实体：面←Lever＜1＞（上下相关联)"，并选择"Lever_ 1"零件的顶面，这表示用于等距的面，如图 3-70 所示。

图 3-69　制作柔性零件

图 3-70　重新映射面参考

步骤 13　**重新映射边线参考**　展开"草图 2"特征，单击"参考的实体：边线←Lever＜1＞（上下相关联)"，并选择"Lever_1"零件的底部圆环边线，这表示草图中转换的边线。这将在之前参考放置的平面上创建一个圆形，如图 3-71 所示。单击【确定】。

步骤 14　**查看运动**　该零件现在是柔性的。拖动"Lever_1"会强制更改"Boot"的形状，并且会立刻更新，如图 3-72 所示。在 FeatureManager 设计树中，零件图标发生变化，并且所有参考均已捕获。

图 3-71　重新映射边线参考

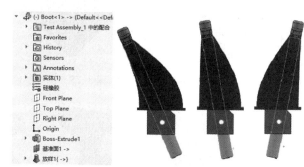

图 3-72　查看运动

步骤 15　**其他装配体**　使用相同的操作步骤在其他相似的装配体中添加"Boot"并使其具有柔性。这些零件的运动方式是相同的，如图 3-73 所示。为了实现清晰显示，可将这些零件设置为透明。

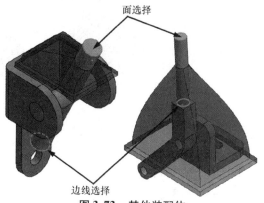

图 3-73　其他装配体

3.8.3 编辑柔性零件

柔性零件与普通零件一样，在很多地方可以用作装配体零件。从这些装配体中的任何一个装配体内对该零件进行更改都会改变所有这些零件。可以创建和使用配置来解决尺寸的差异。

> 提示 如果零件已经制作成柔性，则可以通过切换将其返回为标准或刚性模式。但是，这将删除为创建柔性状态所做的选择。

步骤16 打开装配体 打开 Lesson03 \ Case Study \ Flexible Components 文件夹下的装配体 "Source Assembly"，如图 3-74 所示。

步骤17 修改零件 右键单击 "Boot" 零件，然后单击【编辑零件】。重复选择，单击【孤立】。向内抽壳实体 0.50mm，如图 3-75 所示。单击【退出孤立】并返回编辑装配体模式。

步骤18 打开装配体 打开 "Test Assembly_1" 装配体，如图 3-76 所示。对源装配体中的 "Boot" 零件所做的更改也会更改 "Test Assembly_1" 装配体以及其他所有使用柔性零件的地方。用户可以创建配置以调整大小，如图 3-77 所示。例如该装配体中基准面的偏移距离太小会导致干涉。

图 3-74 装配体 "Source Assembly"

图 3-75 修改零件

图 3-76 装配体 "Test Assembly_1"

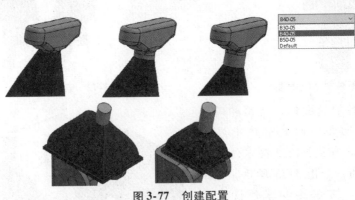

图 3-77 创建配置

步骤19 保存并关闭所有文件

练习 3-1 装配体特征

通过创建和编辑装配体特征来修改装配体。

本练习将应用以下技术：

- 装配体特征。

操作步骤

　　步骤1　打开装配体　打开 Lesson03 \ Exercises \ Assy Features 文件夹下的装配体 "Assy Features"，如图 3-78 所示。隐藏 "Hide Gear, Oil Pump Driven"。

　　步骤2　创建装配体特征　单击【异形孔向导】 。使用以下设置为零件 "Cover" 添加孔：【柱形沉头孔】，【ANSI Metric】，【平盘十字头】，【M3】和【完全贯穿】，如图 3-79 所示。在【特征范围】内，确保勾选【自动选择】复选框。

图 3-78　装配体 "Assy Features"　　**图 3-79**　创建装配体特征

　　步骤3　查看单独的零件　创建装配体特征后的 "Assy Features" 装配体如图 3-80 所示。打开零件 "Cover" 和 "Housing"，和预期的一样，它们并没有孔特征，如图 3-81 和图 3-82 所示。这种技术适合在零部件组装后钻孔。

图 3-80　创建装配体特征后的装配体　　**图 3-81**　"Cover" 零件　　**图 3-82**　"Housing" 零件

　　步骤4　编辑特征范围　编辑异形孔向导特征 "M3 平盘头机械螺钉的柱形沉头孔 1"，勾选【将特征传播到零件】复选框，并确认只有零件 "Cover" 和 "Housing" 被选中，单击【确定】。该孔现在同时存在于装配体和零件层级，如图 3-83 所示。

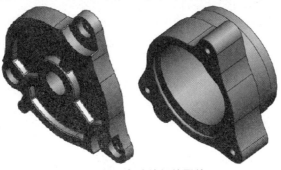

图 3-83　有孔特征的零件

95

这种技术是【孔系列】命令的一种替代方法。如果通过多个零部件的孔是一致的，而不是间隙孔或螺纹孔，则可以使用该技术。

知识卡片	拉伸切除装配体特征	【拉伸切除】特征可以被添加到装配体中，以表达装配后去除材料的加工操作。切除特征还可以用于创建在工程图中使用的剖视图。如有需要，可以使用配置来控制特征的压缩状态。
	操作方法	• CommandManager：【装配体】/【装配体特征】/【拉伸切除】 🔳。 • 菜单：【插入】/【装配体特征】/【切除】/【拉伸】。

> 提示　在【剖面视图】🔳工具中可以使用【按零部件的截面】选项来创建相似的装配体视图。

步骤5　创建草图并切除　在"Shaft"的平面上创建草图，从圆角边缘的中心点开始绘制一个边角矩形，并超出几何体。单击【装配体特征】/【拉伸切除】🔳，将切除拉伸贯穿整个装配体，并在【特征范围】中只选择"Cover"，结果如图3-84所示。

（可选操作）创建工程图并放置一个带有切除装配体特征的等轴测视图，结果如图3-85所示。在本示例中添加了【区域剖面线/填充】。

图 3-84　创建草图并切除　　　　　　图 3-85　等轴测视图

步骤6　保存并关闭所有文件

练习 3-2　孔系列和智能扣件

本练习的任务是在装配体内使用【孔系列】命令添加孔，并使用【智能扣件】在装配体中添加配合零件，如图 3-86 所示。

本练习将应用以下技术：
- 装配体特征。
- 孔系列。
- 智能扣件。

单位：mm。

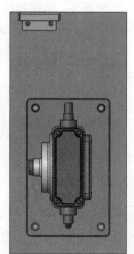

图 3-86　孔系列和智能扣件

操作步骤

　　步骤 1　打开装配体　打开 Lesson03 \ Exercises \ SmFastenerLab 文件夹下的装配体 "TBassy"。

　　步骤 2　添加智能扣件　使用【智能扣件】在零部件"TBroundcover"和"TBrearcover"的现有孔中添加零件，如图 3-87 所示。

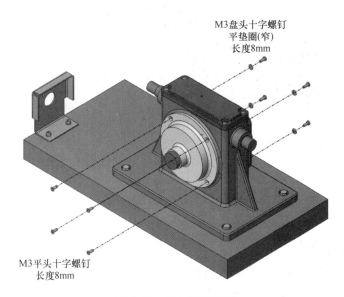

图 3-87　添加智能扣件

　　步骤 3　添加孔　使用【孔系列】添加图 3-88 所示的孔。

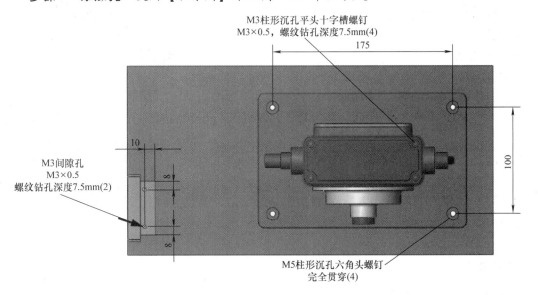

图 3-88　添加孔

　　步骤 4　再次添加智能扣件　使用【智能扣件】添加如图 3-89 所示的零件。

　　步骤 5　保存并关闭所有文件

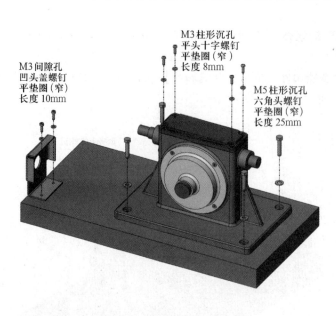

M3 间隙孔
凹头盖螺钉
平垫圈（窄）
长度 10mm

M3 柱形沉孔
平头十字螺钉
平垫圈（窄）
长度 8mm

M5 柱形沉孔
六角头螺钉
平垫圈（窄）
长度 25mm

图 3-89　再次添加智能扣件

练习 3-3　水平尺装配体

本练习的任务是使用提供的信息和尺寸创建图 3-90 所示的装配体。添加新零件时采用自底向上或自顶向下的方式。

本练习将应用以下技术：

- 自顶向下的装配体建模。
- 孔系列。
- 智能扣件。

单位：mm。

本装配体及其零件的设计意图如下：

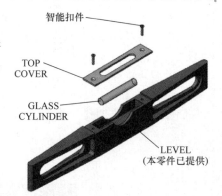

智能扣件

TOP
COVER

GLASS
CYLINDER

LEVEL
（本零件已提供）

图 3-90　水平尺装配体

1）零件"TOP COVER"的短边与零件"LEVEL"有 0.10mm 的配合缝隙，两个零件的顶平面平齐。

2）在零件"LEVEL"和零件"TOP COVER"对应的位置创建两个沉头孔，用于安装紧固螺钉。

3）零件"GLASS CYLINDER"放在零件"LEVEL"切口的内部，与切口的底面相切并在纵向和横向居中。

操作步骤

步骤 1　新建装配体　从文件夹 Lesson03 \ Exercises \ Level Assy 下打开零件"LEVEL"。使用零件"LEVEL"作为新装配体的基础零件，并使用"Assembly_MM"作为模板。保存装配体到相同文件夹内并命名为"Level Assy"。

步骤 2　设计零件"TOP COVER"　在装配体环境下设计零件"TOP COVER"，如图 3-91 所示。

步骤 3　创建孔　使用【孔系列】特征创建孔，如图 3-92 所示。

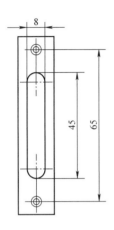

图 3-91　设计零件"TOP COVER"

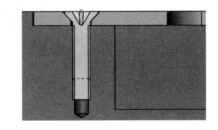

图 3-92　创建孔

开始孔按以下要求设置：

- 开始孔规格：锥形沉头孔。
- 标准：ANSI Metric。
- 类型：平头螺钉 – ANSI B18.6.7。
- 大小：M2。

结尾孔按以下要求设置：

- 结尾孔规格：直螺纹孔。
- 类型：底部螺纹孔。
- 大小：M2×0.4。
- 终止条件：给定深度为 10mm。

步骤 4　创建零件"GLASS CYLINDER"

零件"GLASS CYLINDER"是一个简单的圆柱体零件（见图 3-93），可以先在装配体外创建，然后拖放到装配体中。

提示　对于"GLASS CYLINDER"零件，使用平面到平面或对称配合。

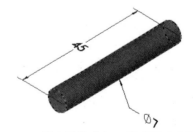

图 3-93　创建零件"GLASS CYLINDER"

步骤 5　添加智能扣件　为装配体中的孔添加智能扣件。零部件明细如图 3-94 所示。

步骤 6　保存并关闭所有文件

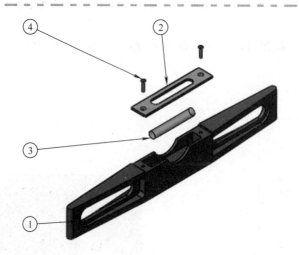

图 3-94　零部件明细

项目号	零件号	数量/个
①	LEVEL	1
②	TOP COVER	1
③	GLASS CYLINDER	1
④	B18. 6. 7M-M2 ×0. 4 ×10 Type I Cross Recessed FHMS-10N	2

练习 3-4　智能零部件 1

创建一个新的智能零部件，并将其插入到装配体中，如图 3-95 所示。

本练习将应用以下技术：

- 智能零部件。
- 插入智能零部件。

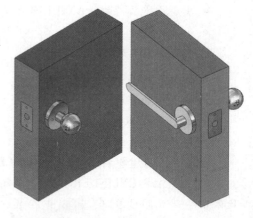

图 3-95　智能零部件 1

操作步骤

步骤 1　打开装配体　打开文件夹 Lesson03 \ Exercises \ Smart_Component_lab 中的装配体 "Source"，如图 3-96 所示。

该装配体包含的特征和零部件将用来制作智能零部件。在零部件 "Mount" 中已使用了关联切除。

步骤 2　添加智能扣件　添加智能扣件到零部件 "Smart_Knob" 和 "Strike" 中，如图 3-97 所示。

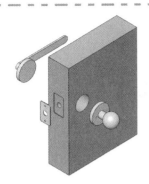

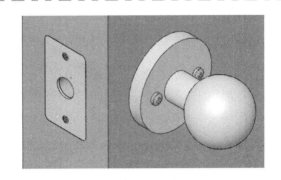

图 3-96　装配体"Source"　　　　　　　图 3-97　添加智能扣件

101

> 提示　　在创建时更改在"Smart_Knob"上的扣件为"Pan Cross Head Screws"（机械螺钉）。

步骤 3　制作智能零部件　设置"Smart_Knob"为【智能零部件】。所有扣件、"Strike"和"Long Handle"为包含的【零部件】，"Mount"上的所有切除为包含的【特征】。

步骤 4　插入智能零部件　打开装配体"Place_Smart_Component"，并使用配合参考插入零部件"Smart_Knob"。与平面添加距离配合以定位零部件，如图 3-98 所示。

步骤 5　插入智能特征　在零部件"Mount"上添加"Smart_Knob"相关零件和特征，如图 3-99 所示。

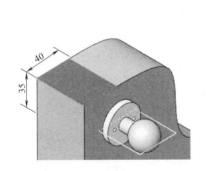

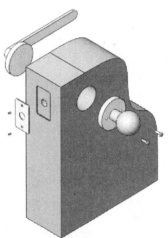

图 3-98　插入智能零部件　　　　　图 3-99　插入智能特征

步骤 6　保存并关闭所有文件

练习 3-5　智能零部件 2

创建另一个新的智能零部件，并将其插入到装配体中，如图 3-100 所示。

本练习将应用以下技术：
- 智能零部件。
- 插入智能零部件。

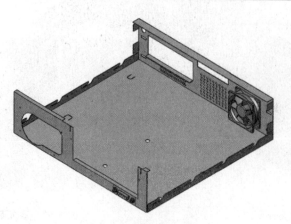

图 3-100　智能零部件 2

操作步骤

步骤 1　打开装配体　打开文件夹 Lesson03\Ex-ercises\SmartComp 中的装配体"defining_assembly"，如图 3-101 所示。

该装配体包含的特征和零部件将用来制作智能零部件。

步骤 2　制作智能零部件　选择"d_connector"作为【智能零部件】，选择零件"hex_nut"和零件"screw"作为包含的【零部件】，并选择"smetal_part"中所有的切除特征作为包含的【特征】。

图 3-101　装配体
"defining_assembly"

步骤 3　保存并关闭文件

步骤 4　打开装配体"computer"　该装配体包含部分计算机机箱和一些内部零部件，如图 3-102 所示。

图 3-102　装配体"computer"

步骤 5　将"d_connector"插入到装配体　选用"11Pin"的配置，利用【剖面视图】工具和已有的【配合参考】将连接器配合到钣金面上，如图 3-103 所示。移动连接器，使它在钣金面上定位。

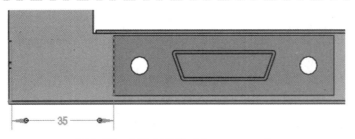

图 3-103 插入零部件 "d _ connector"

⚠ 注意　该零部件位于底面和法兰面的中间。

步骤 6 插入智能特征 右键单击 "d_connector"，选择【插入智能特征】。

选择计算机机箱的隐藏面（外部的）作为定位参考面，单击【确定】，如图 3-104 所示。

步骤 7 查看完成的装配体 连接器和匹配的扣件一起插入到装配体中，并且切除特征也被添加到装配体中，如图 3-105 所示。

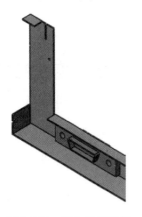

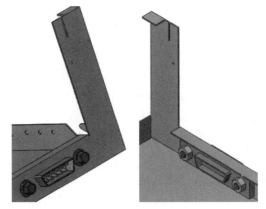

图 3-104 插入智能特征　　　　　图 3-105 完成的装配体

步骤 8 保存并关闭所有文件

练习 3-6 制作柔性零件

创建一个零件，并将其用作另一个装配体中的柔性零件，如图 3-106 所示。

本练习将应用以下技术：

- 柔性零件。

图 3-106 制作柔性零件

操作步骤

步骤 1　打开装配体　打开 Lesson03 \ Exercises \ Flexible Components 文件夹下的装配体 "Siding Cover Source"，如图 3-107 所示。

步骤 2　编辑零件 "Cover"　该装配体包含一个空零件 "Cover"，其将被制作为柔性零件。该零件已经配合到位。在关联中编辑零件。

步骤 3　添加基准面　从 "Door" 零件的表面开始创建一个基准面，偏移距离为 0mm，如图 3-108 所示。

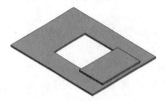

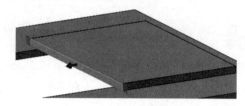

图 3-107　装配体 "Siding Cover Source"　　　　图 3-108　添加基准面

步骤 4　绘制草图　在前视基准面上绘制草图，创建一个构造矩形，添加直线和尺寸，如图 3-109 所示。此外，在以下的草图几何体和 "Cover" 零件的基准面之间添加【共线】关系：

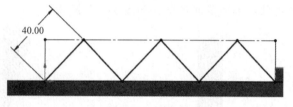

图 3-109　绘制草图

- 左侧竖直线和右视基准面。
- 下部的水平线和上视基准面。
- 右侧竖直线和新建的 "基准面1"。

提示　矩形内的六条直线具有【相等】的几何关系。

步骤 5　创建拉伸　使用【两侧对称】拉伸草图 300mm，在【薄壁特征】中设置 2mm 厚度，如图 3-110 所示。单击【确定】。

步骤 6　测试柔性零件　通过拖动 "Door" 并重建模型来测试 "Cover" 的柔性，如图 3-111 所示。

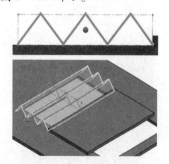

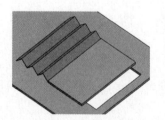

图 3-110　创建拉伸　　　　　　　　图 3-111　测试柔性零件

步骤 7　保存并关闭所有文件

步骤 8　打开装配体　打开 Lesson03 \ Exercises \ Flexible Components 文件夹下的装配体 "Sliding Cover Test"。

步骤 9　添加配合　插入零件"Cover"，并使用该零件的上视基准面、前视基准面和右视基准面与装配体进行配合，如图 3-112 所示。

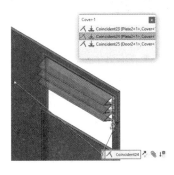 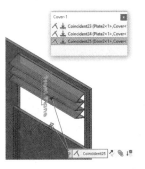 

图 3-112　添加配合

步骤 10　制作柔性零件　右键单击"Cover"零件，单击【制作柔性零件】。将参考重新映射到"Door"零件的平面上，如图 3-113 所示。单击【确定】。

步骤 11　测试柔性零件　通过拖动"Door"零件来测试柔性零件，当零件向下移动后，柔性零件应该重建，如图 3-114 所示。

步骤 12　添加另一个柔性零件（可选操作）　将"Cover"的第二个实例添加到装配体中，添加镜像的配合方案并使其具有柔性，如图 3-115 所示。

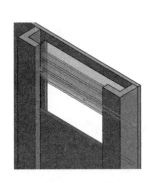  

图 3-113　制作柔性零件　　　图 3-114　测试柔性零件　　　图 3-115　添加另一个柔性零件

步骤 13　保存并关闭所有文件

第 4 章　编辑装配体

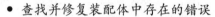

学习目标

- 查找并修复装配体中存在的错误
- 在装配体中替换和修改零部件
- 在装配体中创建镜像零部件
- 阵列零部件

4.1　概述

和编辑零件一样，编辑装配体时也有特定的工具来帮助用户修改错误并解决问题。其中一些工具对零件和装配体都是通用的，在《SOLIDWORKS®零件与装配体教程（2022 版)》中已经对这些通用工具做了介绍，这里将不再重复。

本章讲述的内容如下：

1. 替换和修改零部件　打开装配体后，用户可以使用多种方法替换或修改零部件，包括【文件】/【另存为】、【替换零部件】和【重装】。

2. 修复装配体错误　在装配体中，可以认为 FeatureManager 设计树中的配合关系是一种特征，并通过【编辑特征】进行编辑。与其他特征一样，配合可能存在多种错误问题，但主要的配合错误是丢失参考（如丢失面、边线或平面）和过定义。

可以把装配体中过定义的零部件想象成一个三维的过定义草图。使用符号加号（＋）表示零部件或配合与其他配合相冲突。

3. 在装配体中控制尺寸　为了满足设计意图，可以通过关联特征、全局变量或方程式来控制尺寸。

4. 镜像零部件　许多装配体具有不同程度的左右对称性，可以通过镜像的方法翻转零部件或子装配体方向，也可以通过这种方法生成"相反方位"的零部件。

4.2　编辑任务

装配体的编辑包括从修复错误到提取信息并进行设计更改等诸多方面的内容。本章将探讨如何在 SOLIDWORKS 软件中实现这些操作。

4.2.1　设计更改

装配体的设计更改包括修改一个距离配合的数值，以及利用其他零件替换原有零件等。用户可以方便地修改某个零件的尺寸，利用装配体关联进行建模，或者创建代表装配后加工工序的装配体特征。

4.2.2　查找和修复问题

在装配体中查找和修复问题是使用 SOLIDWORKS 软件的一个关键技能。在装配体中，错误可能出现在配合、装配体特征或被装配体参考引用的零部件和子装配体中。一些常见的错误，如一个零部件的过定义会引发更多其他错误信息，并导致装配体停止解析配合关系。本章将介绍几种常见的错误及其解决办法。

4.2.3　装配体中的信息

装配体评估工具可以生成关于装配体及组成该装配体零部件的重要信息。通过评估装配体设计来发现一些潜在的错误（如干涉）以及确定需要在哪些地方重新进行设计。

4.3　实例：编辑装配体

本示例将从分析和修复配合错误开始，然后替换零部件和镜像零部件。打开装配体时有很多警告和错误，下面将使用一些工具来解决这些问题，并使装配体返回到可用状态。这个装配体的 FeatureManager 设计树中包含了许多警告和错误标记，这些都指向了配合警告和错误。

操作步骤

步骤 1　打开装配体　打开 Lesson04 \ Case Study \ Assembly Editing 文件夹内的 "Assembly Editing" 装配体，如图 4-1 所示。

扫码看视频

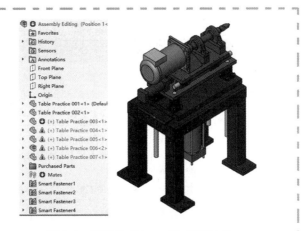

图 4-1　装配体 "Assembly Editing"

● 零部件和配合层级的错误　FeatureManager 设计树顶层显示的警告和错误标记，表示在草图、零部件特征以及相关的配合中会出现的问题类型。零部件和配合层级的错误如图 4-2 所示。几种不同类型的标记见表 4-1。

图 4-2　零部件和配合层级的错误

表 4-1　几种不同类型的标记

条件	说明	解决方法
以下配合中的警告	在此零部件中存在警告。这些可能在草图、特征或相关的配合中	在零部件层级编辑草图或特征问题 在装配体层级编辑相关联的问题 编辑或删除过定义的配合
以下配合中的错误	在此零部件中存在错误。这些可能在草图、特征或相关的配合中	
"配合" 文件夹中的警告和错误	一个或多个配合存在警告或错误	编辑或删除过定义的配合

> **提示** 🖐 错误还可能导致装配体中的零部件被过定义。这种错误都具有前缀符号（＋）。

4.4 配合错误

所有零部件的配合错误都会出现在装配体的"配合"文件夹和每个零部件的"配合"文件夹中。

出现错误的原因有很多，如几何体发生变化或参考缺失等。在 FeatureManager 设计树中展开"配合"文件夹，可以发现配合错误的显示是不同的。本例中，配合错误为丢失参考。几种不同类型的配合错误见表 4-2。

表 4-2 几种不同类型的配合错误

条件	说明	解决方法
丢失参考 ◎ ✖	配合找不到其引用的一个或两个参考。这可能是参考的零件被压缩、删除或者修改，致使配合无解。这与草图中的悬空尺寸类似	通常通过选择一个替代的参考来解决
过定义 ✖	配合同时有错误标志和前缀（＋）（表示过定义），错误提示为："Coincident74：零部件不能移动到满足该配合的位置。平面不平行。角度为 90 度" 与过定义配合直接相关的零部件也有过定义标志（＋）	删除或编辑导致错误的配合。最好是当过定义配合刚出现时就将其解决
警告 ⚠	对于那些满足装配体但是过定义的配合，系统将给出警告。错误提示为："Distance1：警告：此配合过定义装配体"	删除或编辑过定义配合
压缩 ◎	压缩的配合并不是错误，但是当它们被忽略时可能引起错误。当配合被压缩后，它在 FeatureManager 设计树中呈现灰色，软件并不解算压缩的配合	将压缩的配合解除压缩

步骤 2 什么错 【什么错】对话框列出了配合警告和错误的详细信息，如图 4-3 所示。单击【关闭】。

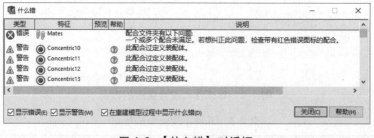

图 4-3 【什么错】对话框

4.4.1 过定义配合和零部件

要找到造成装配体过定义的原因并不容易，因为常常会出现两个或多个过定义的配合。所有过定义的配合都显示错误的标志和前缀（＋），这可以帮助用户缩小查找的范围。当配合出现过定义时，一种解决的方法是每次压缩一个过定义的配合，直到装配体不再过定义为止，这样做可以帮助用户找到过定义的原因。一旦找到原因，就可以删除多余的配合，或者用不同的参考重新定义这个配合。

> **提示** 过定义一个配合通常会引起其他配合警告和错误的连锁反应。

1. 最佳做法　最佳做法是当错误出现时，尽快地识别并修复这些错误。

2. 几何精度非常重要　在几何模型中，精度方面的错误也是造成过定义配合的原因。例如，假如在一个装配体中，将一个简单盒子的侧面与三个默认的基准面进行配合，利用三个重合配合就可以完全定义这个盒子。然而，如果盒子侧面间的角度不是90°，即使它们之间只偏离零点几度，装配体都将过定义。除非彻底检查模型的几何精度，否则很难找到解决问题的方案。

4.4.2　查找过定义的配合

在具有很多配合的大型装配体中查找造成过定义配合的原因是非常困难的，其中一种方法是查看配合中列出的零部件，另一种方法是利用【查看配合和从属关系】以在 FeatureManager 设计树中从配合而不是特征的角度来查看零部件之间的从属关系。

1. 顶层装配体　在有 ⬇ 错误的装配体中，单击顶层装配体可以生成仅包含警告和错误配合的列表，如图4-4所示。

2. 动态参考可视化　【动态参考可视化（父级）】工具可查看零部件之间的从属关系，单击配合可以生成指向零部件、平面或存储零部件文件夹的箭头，如图4-5所示。

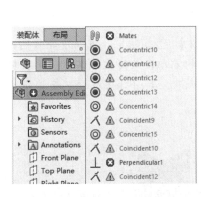

图4-4　警告和错误配合的列表

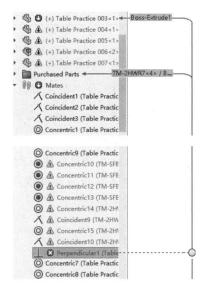

图4-5　【动态参考可视化（父级）】工具

3. 压缩配合　如果不清楚导致错误的一个或多个配合，可以【压缩】⬇有疑问的配合并测试装配体。如果该配合没有问题，可以使用【解除压缩】⬆功能将其解压缩。被压缩的配合是可以删除的。

4. 过定义配合选项　当添加会导致装配体过定义的配合时，对话框会提供多个选项，潜在地避免过定义的情况。选择【添加此配合并断开其他配合以满足该配合】，其他配合将断开并显示为错误；选择【添加此配合并过定义装配体】，此配合将被显示为错误；选择【取消】，将取消添加配合。

5. 查看配合错误　使用【查看配合】🔗命令可显示一个包含选定零部件配合的弹出对话

框，该对话框会整理出错误配合并显示每个错误配合的图形标签。图形标签包括修复配合的交互式菜单按钮。

6. 配合错误标签　配合错误标签用来直观地显示配合信息和提供一些常用的配合功能。

未完全定义的配合被标记为绿色，如图 4-6 所示；警告配合被标记为黄色，如图 4-7 所示；错误配合被标记为红色，如图 4-8 所示。

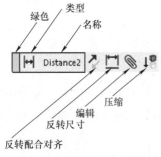
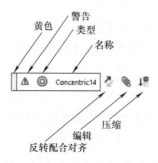
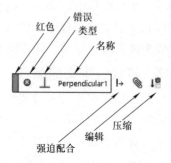

图 4-6　未完全定义配合标签　　图 4-7　警告配合标签　　图 4-8　错误配合标签

知识卡片	查看配合	• 快捷菜单：在状态栏中单击错误信息。
		• 关联工具栏：单击一个零部件，并选择【查看配合】 。

步骤3　错误标记　展开"配合"文件夹，可以看到配合警告和错误的详细信息，如图 4-9 所示。未满足的配合高亮显示，并有一个红色的错误标记❌。已满足但过定义装配体的配合高亮显示，并有一个黄色叹号警告标记⚠。

步骤4　查看配合错误　在状态栏单击【过定义】⚠过定义，窗口中会只列出带有警告或错误的配合。此方式通过隐藏与所列配合无关的零部件来简化几何体。单击错误配合"Perpendicular1"，查看显示的对话框，如图 4-10 所示。关闭对话框。下面将使用另一种工具进一步调查所有的配合。

◎ ⚠ Concentric15 (TM-2HWR7<3>,Table Practice 003<1>)
人 ⚠ Coincident10 (TM-2HWR7<3>,Table Practice 003<1>)
⊥ ❌ Perpendicular1 (Table Practice 003<1>,TM-2HWR7<4>)
人 ⚠ Coincident12 (TM-2HWR7<2>,Table Practice 003<1>)

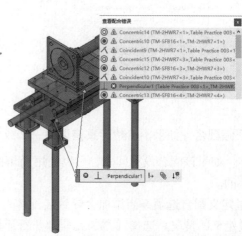

图 4-9　错误标记　　　　　　　　　　图 4-10　查看配合错误

4. 4. 3 MateXpert

知识卡片	MateXpert	当装配体中出现配合错误时,用户可以使用【MateXpert】工具来识别装配体的配合错误。用户可以检查不满意配合的详细情况,并找出过定义装配体的"配合"文件夹。
	操作方法	• 菜单:【工具】/【MateXpert】。 • 快捷菜单:右键单击装配体、"配合"文件夹或"配合"文件夹中的配合,再单击【MateXpert】。

技巧 当诊断配合问题时,最好是从"配合"文件夹的底部并且是标记最少处开始操作,并根据需要逐步进行诊断。

步骤5 分析"配合"文件夹 右键单击"配合"文件夹,并选择【MateXpert】,出现【MateXpert】的 PropertyManager(见图 4-11)。在【分析问题】选项组中单击【诊断】。

【没满足的配合】列表中有一个单独的配合"Perpendicular1",这是有问题的配合。单击该配合,消息显示无法将这些面移动到正确的位置:"零部件不能移动到满足该配合的位置。平面不垂直。角度为0度。"单击【确定】 ✔。

图 4-11 【MateXpert】的 PropertyManager

4. 4. 4 组配合

"配合"文件夹中可能有成百上千个配合,而且它们都在同一个层级。用户可以使用【组配合】将它们分组到逻辑子文件夹中,并可以根据需要打开和关闭这些文件夹。

知识卡片	组配合的按状态	按状态分组将会在"配合"文件夹下创建如下子文件夹: • "解出":包括没有错误的已解出的配合。 • "错误":包括有错误的配合。 • "过定义":包括有警告的配合。 • "已压缩":包括直接被压缩的配合。 • "已压缩(丢失)":包括由于缺失的零部件间接被压缩的配合。 • "非活动(固定)":包括引用固定零部件的非活动的配合。
	组配合的单独扣件	使用单独扣件分组,可以在所提供的每个状态文件夹下创建扣件子文件夹。扣件可以单独分组,也可以按状态分组。
	操作方法	• 快捷菜单:右键单击"配合"文件夹,并单击【组配合】/【按状态】或【组配合】/【单独扣件】。

步骤 6　**按状态分组**　右键单击"配合"（Mates）文件夹，并单击【组配合】/【按状态】，会同时列出每个文件夹中的配合数量，如图 4-12 所示。

步骤 7　**查看配合详情**　展开"过定义"文件夹查看配合"Perpendicular1"。正如在 FeatureManager 设计树中所列出的，该配合位于零件"Table Practice 003 ＜1＞"和"TM－2HWR7 ＜4＞"之间，如图 4-13 所示。

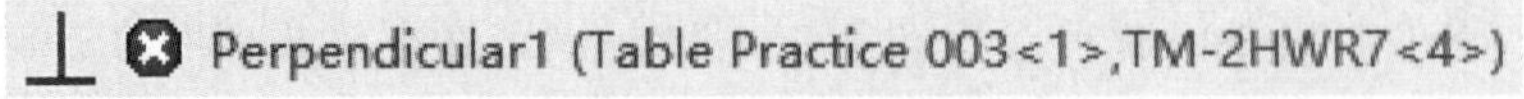

> ▸ 📁 Purchased Parts
> ▾ 📎 ⚠ Mates
> 　▸ 🔩 解出 (102)
> 　▸ 🔩 ⚠ 过定义 (41)
> 　▸ 🔩 已压缩（丢失）(2)

图 4-12　按状态分组

⊥ ❌ Perpendicular1 (Table Practice 003<1>,TM-2HWR7<4>)

图 4-13　配合"Perpendicular1"

1. 装配体导览列　用户也可以通过单击零件的面并按照【选择导览列】来访问附加到零部件的配合。单击装配体零件或子装配体图标可以显示零部件的配合和平面。单击零部件或配合图标可打开关联菜单，如图 4-14 所示。

> 提示
> 任何警告和错误都会显示在【选择导览列】中，如图 4-15 所示。

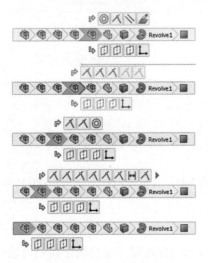

图 4-14　装配体导览列

图 4-15　【选择导览列】中的警告

步骤 8　**访问导览列**　配合"Perpendicular1"看似是导致错误的原因。单击零件"Table Practice 003 ＜1＞"来访问导览列，如图 4-16 所示。

步骤 9　**压缩配合**　右键单击配合"Perpendicular1"，并选择【压缩】。

步骤 10　**测试**　当配合回到解出状态时，警告和错误就被消除了。由于并不需要该配合，故选择压缩的配合"Perpendicular1"并删除它。

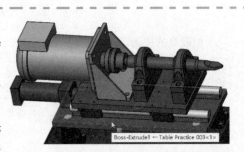

图 4-16　访问导览列

提示　用户可以通过搜索草图、特征或配合的名称而不是类型来查找。

2. 自动修复　当更改一个配合时，其他的配合也会受到影响。常见的问题是需要反转配合对齐以阻止更多的错误。在本例中，SOLIDWORKS 会自动反转配合对齐并显示一条提示信息："下列的配合对齐将被反转以阻止更多错误"。

步骤 11　显示说明　如果零部件包含描述属性，可以帮助处理 FeatureManager 设计树和选择。右键单击顶层装配体并选择【树显示】/【零部件名称和描述】，选择【零部件名称】作为【主要】，勾选【零部件描述】复选框作为【（次要）】，如图 4-17 所示。单击【应用】和【确定】，结果如图 4-18 所示。

图 4-17　设置【零部件名称和描述】

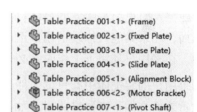

图 4-18　显示说明

步骤 12　隐藏零部件　搜索"20mm"如图 4-19 所示，选择所有结果并隐藏零部件"TM－2HWR7（20mm Shaft）"的全部四个实例。

图 4-19　隐藏零部件

4.5　修改和替换零部件

用户可以通过以下任意一种方法在打开的装配体中替换零部件，它们分别是【另存为】、【重装】、【替换零部件】和【使之独立】。各种方法的描述见表 4-3。

表 4-3　【另存为】、【重装】、【替换零部件】和【使之独立】的描述

方　法	描　述
【另存为】	如果用户正在装配体关联环境中编辑零件，或者同时打开了装配体和其中的零件，使用【另存为】重命名零件将会用新版本替代装配体中的原有零件。如果装配体中有此零件的多个实例，那么所有的实例都将被替换。系统将会弹出信息警告用户要做的修改。如果用户不想替换零部件而仅仅希望把零件另存为一个备份，则单击【另存为副本】即可
【重装】	使用【重装】命令可以用之前保存的版本来替换模型的当前内容。这在多用户环境中工作或想要丢弃无意义的更改时非常有用。该命令也可以控制零部件的读写权限

（续）

方　　法	描　　述
【替换零部件】	【替换零部件】命令是用不同的模型来替换装配体中零部件的所有实例，也可以只替换选中的部分实例。装配体中的零部件被替换时，系统会尝试保持原有配合。如果配合所引用的几何体形状非常相似，则也会保持原有的配合。否则，可以使用相关的【配合实体】对话框来重新关联配合。零部件不能被具有相同名称的文档替换
【使之独立】	在一个装配体中使用【使之独立】命令，会将一个实例保存为新文件，其余实例保持不变。也可以一次选择多个实例。对于阵列的实例，想使用【使之独立】命令，则需要先将阵列解散

4.5.1　在多用户环境下工作

在多用户环境下，若其他人想对用户正在编辑的装配体中的零部件进行修改，就必须对这些零部件拥有写的权限；相对应的，这时用户对该零部件只拥有读的权限。

当装配体打开后，其所包含的零部件是最新保存的版本。在装配体打开的情况下，若用户对零部件进行了修改，则切换到装配体窗口时系统将询问是否重建装配体。这样做的目的就是可以使用户能够及时更新装配体的显示。

然而，如果其他人修改了用户正在操作的装配体中的零部件，这种修改将不会自动显示在装配体中。在多用户环境下工作时，必须重点考虑这一问题。

如果用户的装配体中有只读文件，【检查只读文件】📝命令会检查文件是否拥有存档权限，或上次重装后文件是否被修改过。如果文件没被修改，则显示一条提示信息，否则将显示【重装】对话框。

知识卡片	替换零部件	【替换零部件】用于在装配体中删除零部件所有的或所选择的实例，并将其替换为另一个零部件。
	操作方法	● 菜单：【文件】/【替换】💥。 ● 快捷菜单：右键单击零部件并选择【替换零部件】。

在【替换】PropertyManager 中，被选择的零部件出现在【替换这些零部件】列表中。其他零部件也可以添加到该列表中，有必要的话也可以勾选【所有实例】复选框。单击【浏览】查找用于替换的零部件文件，或在【使用此项替换】列表中选择已打开的零部件。【替换零部件】会影响到装配体中该零部件的所选实例或所有实例。

为了更好地保持配合关系，用于替换的零部件应该在拓扑和形状上与被替换的零部件保持相似。如果配合参考的实体名称保持相同，零部件被替换后仍能够保持原有的配合关系。替换零部件后，用户可以使用【配合的实体】对话框修复操作带来的配合错误。

如果用户需要将零部件替换为此零部件修改后的版本，建议使用【另存为】命令。

4.5.2　替换单个实例

若只替换零部件的一个实例，必须使用【替换零部件】。使用【另存为】或【重装】将替换所有实例。

右键单击零部件后，【替换零部件】出现在弹出的快捷菜单中，但默认情况下该命令不是直接可见的。

SOLIDWORKS 通过限定要显示的菜单项来限制下拉菜单的长度。单击菜单底部的双 V 形标记可以展开整个菜单，如图4-20所示。

如果想要在默认情况下显示这些选项，可单击【自定义菜单】，勾选这些选项左边的复选框。

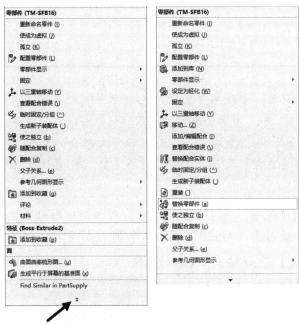

图 4-20　展开菜单

步骤13　替换零部件　在图形区域中右键单击任意一个"TM‐SFB16"零部件，并单击【替换零部件】。被选中的实例将列于【替换这些零部件】中。勾选【所有实例】复选框，并勾选【重新附加配合】复选框，如图 4-21 所示。

单击【浏览】并选择零件"POST"，单击【打开】。单击【确定】，弹出一些对话框，其中包括用于修复配合的【什么错】对话框。后续将修复这个装配体。

关闭【什么错】对话框，但保持【配合的实体】对话框的打开状态。

图 4-21　替换零部件

4.5.3　配合的实体

利用【配合的实体】工具，用户可以替换配合中的任何参考。该工具包括用于显示替换面的预览和用于孤立零部件或删除配合的弹出式对话框。该工具同时提供了一个过滤器，用户可以只显示需要修复的悬空配合。当在【替换零部件】命令中勾选【重新附加配合】复选框或使用

【替换配合实体】命令时，会出现【配合的实体】工具。

> **技巧** 单击配合，配合中涉及的参考实体会高亮显示在图形区域。对于包含尺寸的配合（距离和角度），双击配合可同时显示尺寸以便于用户修改。

> **知识卡片**
>
> 配合的实体
> - 快捷菜单：右键单击配合或"配合"文件夹，选择【替换配合实体】。
> - 在【替换】PropertyManager 中勾选【重新附加配合】复选框。

> **提示** 【编辑特征】可以用于编辑配合的参考。编辑配合的用户界面和【插入】/【配合】的用户界面相同。在错误的配合中，其中一个参考显示为"＊＊Invalid＊＊"。修复配合之后，还可以修改配合的类型，例如，平面之间的配合可以由【重合】改为【平行】、【垂直】、【距离】或【角度】。

步骤 14　添加配合关系　在【配合的实体】对话框中列出了重新附加的错误配合。展开配合并选择要替换的面（用虚线标记），如图 4-22 所示。完成后会显示绿色标记✔。单击【下一参考】➡️继续下一个面的选择。

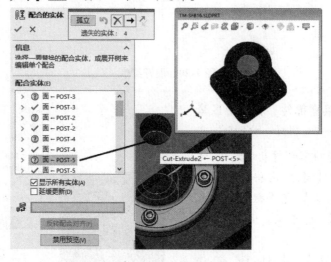

图 4-22　添加配合关系

> **提示** 不是所有的面都需要替换，只有带❓标记的面是需要替换的。所有的面都应该在核对标记后再单击【确定】。

步骤 15　完成替换　以相同的方式替换另外三个面，并单击【确定】。完成替换后，没有出现配合错误，并与原有的模型相似，如图 4-23 所示。关于配合和零部件错误的更多信息，将会在下面的章节中讨论。

步骤 16　显示零部件　选择并显示被隐藏的零部件。单击【选择】，再单击【选取隐藏】，如图 4-24 所示，选取隐藏的零部件。在图形区域空白处单击右键并选择【显示】。

图 4-23　完成替换　　　　　图 4-24　选取隐藏的零部件

4.6　转换零件和装配体

在 SOLIDWORKS 中，可以使用多种方法将零件转换为装配体或将装配体转换为单个零件。这些方法可以用于完成一些特殊的设计任务。

1. 零件转换为装配体　使用零件创建装配体是一种更加简单的建模方法，这样就不需要添加配合和插入零件了。这种建模方法被称为"主模型"设计法，常用于工业设计。

使用【分割零件】可以将一个单实体零件分成多实体零件，并可以利用分割的零件创建装配体，如图 4-25 所示。

2. 装配体转换为零件　使用一个零件来代替装配体有着性能上的优势。例如，如果已知一个特定的子装配体不会改变，则可以在装配体中使用一个零件来代替它。一个焊接件可能是由多个零件焊接而成的，但在材料明细表中要求作为一个单独零件来显示。

1）连接重组零部件。利用【连接重组零部件】可以将同一装配体中的多个零件组合成一个零件，生成的零件参考装配体以及多个零件，如图 4-26 所示。

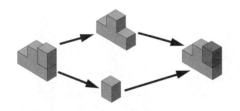

图 4-25　零件转换为装配体

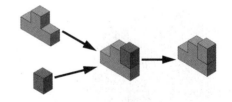

图 4-26　连接重组零部件

2）另存为零件。【另存为零件】可以用于将一个装配体组合成一个单独的零件。该命令允许用户保存装配体外部面、指定零部件或所有零部件。

3. 零件转换为零件　另一种创建焊接零件或有限元分析模型的方法是利用多实体将多个零件组合成单一零件。

利用【插入零件】、【移动/复制实体】和【组合】将多实体合

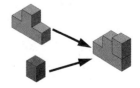

图 4-27　零件转换为零件

并成一个单实体零件，生成的零件将参考多个零件，如图 4-27 所示。

4. 使用装配体来替换零件　利用【替换零部件】可以使用装配体来替换零件，也可以用一个零件替换装配体，或用另一个装配体替换原有装配体等。

5. 消除特征　用于将不太详细的模型保存到新零件文件中。

4.7　使用另存为替换零部件

【另存为】可以用带有新名称或者文件位置的修改零件来替换零部件的所有实例。包含被替换零部件的装配体必须处于打开状态，以确保参考引用的更新。使用这种方法的工作流程如下：

1）打开装配体。
2）打开要替换的零部件。
3）单击【文件】/【另存为】，确认【另存为】和更新参考引用。
4）使用【另存为】对话框为新零部件指定新的位置和文件名称。
5）激活装配体文件，使用新参考零部件保存文件。

步骤 17　打开零件　在装配体中选择一个"TM – SPB160OPN'Linear Bearing'"零件，如图 4-28 所示，并单击【打开零件】📂。这里需要使用该零件创建另一个不同名称的类似替换零件。

步骤 18　另存为零件　单击【文件】/【另存为】，弹出信息提示用户该零件已被其他打开的文档参考，用户可以选择【另存为副本并继续】或【另存为副本并打开】。使用【另存为】将以新名称的零件替换这些参考关系。

图 4-28　打开零件

步骤 19　继续保存零件　单击【另存为】，保存修改后的零件为"revised_TM – SPB160OPN"。

步骤 20　添加切除特征　改变零件的颜色。按照图 4-29 所示的几何草图添加切除特征。保存零件。

步骤 21　完成替换操作　切换到装配体层级，被修改的零件"revised _ TM – SPB160OPN"替换了零件"TM – SPB160OPN"的全部四个实例，替换后并没有发生配合错误，如图 4-30 所示。

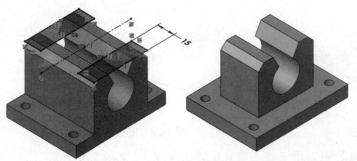

图 4-29　添加切除特征

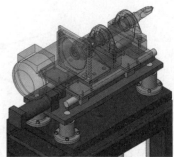

图 4-30　替换后的效果

👆提示　如果在【另存为】对话框中使用了【另存为副本并继续】和【另存为副本并打开】两个选项中的任意一个，将不会发生替换操作。

4.8　重装零部件

在【重装】对话框中可以选择指定的零部件以从磁盘新加载上次保存的版本，或者将读写权限改为只读，将只读权限改为读写。

知识卡片		
重装	【重装】被用于： ● 忽略所选零部件或整个装配体的最新修改，并再次打开最后一次保存的文件。 ● 管理读/写权限的修改。 ● 更新装配体，显示其他用户对零部件所做的修改。	
操作方法	● 快捷菜单：右键单击零部件，选择【重装】🔁，只允许用户重装所选的零部件。 ● 菜单：【文件】/【重装】，允许用户重装装配体中的部分或所有零部件。	

步骤 22　修改零件　右键单击 "Table Practice 003 'Base Plate'"，并选择【打开零件】。创建矩形切除，如图 4-31 所示。不保存修改。

步骤 23　关闭但不保存　关闭零件，在询问是否保存该零件时，单击【否】。这时弹出提示信息："您选择不在此文档中保存更改。该文档在装配体中已处于打开状态 Assembly Editing. SLDASM"。用户现在可以选择保留所做的更改以使它们在装配体中出现，或者放弃更改。

图 4-31　修改零件

> ⚠ **注意**　即使用户关闭了零件的窗口，它仍然在内存中打开着。由于它被装配体所引用，而装配体仍然打开着，因此该零件依然在内存中处于打开状态。

单击【将更改保存在装配体中】，单击【是】将更新装配体。即使更改没有被保存，零件 "Table Practice 003" 也会显示更改，如图 4-32 所示。

步骤 24　重装　右键单击 "Table Practice 003"，再单击【重装】🔁。图 4-33 所示的对话框指出了将被重装的文件，单击【确定】两次。

图 4-32　更改后的效果

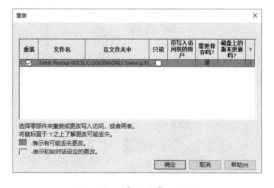

图 4-33　【重装】对话框

提示　可能需要展开快捷菜单才能打开【重装】命令。

步骤25　查看零件　原始的零件已经被重新加载到装配体中，如图4-34所示。

步骤26　保存并关闭所有文件

提示　在本示例的装配体中，默认情况下将显示顶层的文件。这意味着所有其他引用文件（零部件）也将被重新加载。

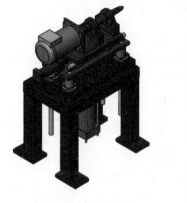

图4-34　查看零件

4.9　零部件阵列

零部件阵列是以特定的方式，在装配体中创建零件或子装配体的实例。零部件可以使用的阵列类型见表4-4。

表4-4　零部件阵列类型

类　型	图　示	类　型	图　示
线性零部件阵列 ⊞ 通过设置间距、实例数或到参考，以一个或两个矢量方向创建零部件阵列		曲线驱动零部件阵列 ❀ 利用现有的曲线创建零部件阵列	
圆周零部件阵列 ✚ 在一个轴周围的一个或两个方向创建零部件阵列		链零部件阵列 ❖ 创建类似链条连接的零部件阵列	
阵列驱动零部件阵列 ⊞ 利用现有的阵列创建零部件阵列		镜像零部件 ⧉ 创建镜像零部件	
草图驱动零部件阵列 ⊞ 利用现有的草图创建零部件阵列			

4.9.1　阵列实例

零部件阵列后的实例将会放在以阵列类型命名的文件夹中，如"派生线性阵列 1"。这些阵列出来的实例虽然没有添加配合，但是已经完全定义了，如图 4-35 所示。

- **解散阵列**　在阵列特征上右键单击并选择【解散阵列】，解除阵列关系（见图 4-36），将阵列中所有的实例分解出来，同时这些实例也不再完全定义了。

图 4-35　阵列实例

图 4-36　解散阵列

4.9.2　线性和圆周阵列

【线性阵列】会在一个或两个矢量方向上创建零部件的阵列，可以使用平面、轴或零部件的几何体（如线性边线或平面）定义阵列方向。【圆周阵列】创建围绕轴的实例阵列，可以使用轴或零部件的几何体（如线性边线、圆形边线或圆柱面）定义阵列轴。用户可以跳过所选实例或者修改具有偏移量的实例。

121

> **知识卡片**
>
> 线性/圆周零部件阵列
>
> - CommandManager:【装配体】/【线性零部件阵列】 弹出菜单/【线性零部件阵列】 或【圆周零部件阵列】 。
> - 菜单:【插入】/【零部件阵列】/【线性阵列】或【圆周阵列】。

操作步骤

步骤 1　打开装配体　打开 Lesson04 \ Case Study \ Linear & Circular Patterns 文件夹中的 "Linear & Circular" 装配体，如图 4-37 所示。该装配体包括子装配体机械手臂和一条穿过原点的轴。

步骤 2　线性零部件阵列　单击【线性零部件阵列】 ，选择 "Front Plane" 以将【阵列方向】定义为垂直于该平面的方向。如有必要，请反转方向。单击【间距与实例数】，然后将【间距】设置为 800mm，将【实例数】设置为 5。选择子装配体 "Robot" 并单击【确定】 ，如图 4-38 所示。

图 4-37　装配体 "Linear & Circular"

扫码看视频

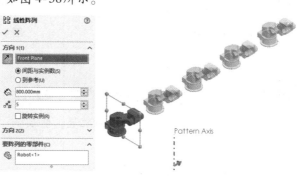

图 4-38　线性零部件阵列

步骤3　**圆周零部件阵列**　单击【圆周零部件阵列】 ，选择"Pattern Axis"作为【阵列轴】以将该轴定义为垂直于平面。如有必要，请反转方向。勾选【等间距】复选框，然后将【角度】设置为180°，将【实例数】设置为4。选择子装配体"Robot"并单击【确定】 ✔，如图4-39所示。

步骤4　**跳过实例**　编辑线性阵列特征"局部线性阵列1"，在【跳过的实例】中单击，从图形区域中选择实例（3，1），单击【跳过实例】，如图4-40所示。不要单击【确定】 ✔。

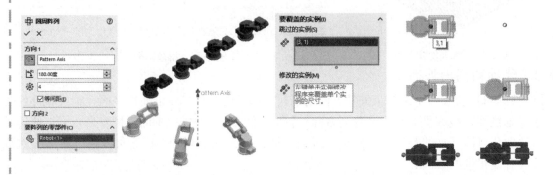

图4-39　圆周零部件阵列　　　　　　　图4-40　跳过实例

步骤5　**修改实例**　在【修改的实例】中单击，从图形区域中选择实例（2，1），单击【修改实例】，如图4-41所示。

步骤6　**设置偏移**　在【与标称值之间的偏差】中输入300mm，如图4-42所示。

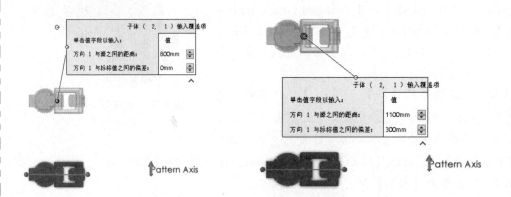

图4-41　修改实例　　　　　　　　　图4-42　设置偏移

 提示　　用户可以设置【与源之间的距离】或【与标称值之间的偏差】。

步骤7　**设置配置**　设置单个实例的配置，将实例"Robot<2>"的配置由P0更改为P45，如图4-43所示。

步骤8　**保存并关闭所有文件**

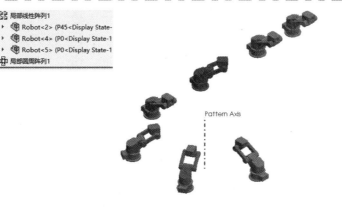

图 4-43　设置配置

4.9.3　带旋转的线性阵列

线性阵列零部件通过选项旋转实例，如图 4-44 所示。该
阵列类似于特征阵列，可以选择跳过的实例。

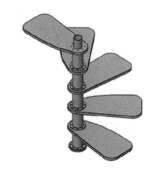

图 4-44　带旋转的线性阵列

123

操作步骤

步骤 1　打开装配体　打开 Lesson04 \ Case Study \ Linear
with angle 文件夹中的装配体"Linear with angle"，如图 4-45
所示。

当间距和角度是已知时，这种方法是最好的。

步骤 2　阵列方向　单击【线性零部件阵列】，选择圆柱
面作为【阵列方向】，如图 4-46 所示。设置【间距】为 255mm，
【实例数】为 5。如有必要，可以选择反向来改变阵列方向。

步骤 3　阵列零部件　选择要阵列的零部件"spacer"和
"step"，效果如图 4-47 所示。

步骤 4　旋转实例　如图 4-48 所示，勾选【旋转实例】复
选框，选择圆柱面作为旋转轴，设置角度为 45°，切换为【反
向】，单击【确定】。

扫码看视频

图 4-45　装配体
"Linear with angle"

注意　　　　阵列的零件实例存储于"局部线性阵列"文件夹下，如图 4-49 所示。

图 4-46 选择阵列方向

图 4-47 阵列零部件

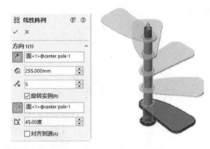

图 4-48 旋转实例

图 4-49 "局部线性阵列 1"文件夹

步骤5 保存并关闭所有文件

4.9.4 阵列驱动零部件阵列

【阵列驱动零部件阵列】是利用在装配体环境下零部件的现有阵列和孔特征来生成的。大多数的零部件阵列特征和零件的特征阵列类似，但是【阵列驱动零部件阵列】是仅在装配体中的，根据现有的阵列特征来定位的阵列。

可以作为【阵列驱动零部件阵列】的基础零件特征包括：草图驱动阵列 ⊞、表格驱动阵列 ⊞、曲线驱动阵列 ✿、填充阵列 ▦、孔系列 ▦ 和异形孔向导 ▦。

现有的零部件阵列也可以作为【阵列驱动零部件阵列】的定位特征，该阵列可以在装配体的顶层，也可以在子装配体的零部件中。

知识卡片	阵列驱动零部件阵列	● CommandManager：【装配体】/【线性零部件阵列】 ⊞ ▼ 弹出菜单/【阵列驱动零部件阵列】 ⊞。 ● 菜单：【插入】/【零部件阵列】/【阵列驱动】。

操作步骤

步骤1 打开装配体 打开 Lesson04 \ Case Study \ Pattern Driven 文件夹中的装配体 "Pattern Driven"，如图 4-50 所示。下面将使用零部件阵列的方式，添加 "Plank" 零件的其他需要的实例。

扫码看视频

步骤2　**阵列驱动零部件阵列**　单击【阵列驱动零部件阵列】 🔳，并选择零件 "Plank"。在【驱动特征或零部件】的区域内单击，然后在 FeatureManager 设计树中选择零件 "Support_Leg <1>" 的阵列特征 "LPattern1"，也可以选择这个阵列特征内几何图形中的一个面。单击【确定】 ✓，如图 4-51 所示。

图 4-50　装配体 "Pattern Driven"　　　　　　　　图 4-51　阵列驱动零部件阵列

> **提示** 👉　【选取源位置】可以更改源位置，在默认情况下，会从它的配合位置开始。

步骤3　**查看派生线性阵列**　由阵列生成的新零部件在 FeatureManager 设计树中的 "派生线性阵列 1" 特征下，如图 4-52 所示。所有实例没有添加配合，而是被固定在了阵列的位置上。

▾ 🔳 派生线性阵列1
　▸ 🦶 Plank<2> (Wood<<Default>
　▸ 🦶 Plank<3> (Wood<<Default>
　▸ 🦶 Plank<4> (Wood<<Default>
　▸ 🦶 Plank<5> (Wood<<Default>
　▸ 🦶 Plank<6> (Wood<<Default>
　▸ 🦶 Plank<7> (Wood<<Default>

> **提示** 👉　如果紧固件放置在源文件的孔中，它们也会被添加到阵列驱动零部件阵列中去。

图 4-52　派生线性阵列

步骤4　**切换源零件配置**　零件 "Plank" 有 "Wood" 和 "Plastic" 两个配置。单击阵列的源零件 "Plank <1>"，从快速配置下拉菜单中选择 "Plastic"，单击【确定】 ✓。所有阵列实例都被修改成同源零件一样的配置，如图 4-53 所示。

> **提示** 👉　单击【工具】/【自定义】/【工具栏】，勾选【显示快速配置】复选框，可以打开快速配置。

步骤5　**切换实例的配置**　单击阵列生成的实例中的一个（例如 "Plank <5>"），在快速配置下拉菜单中选择 "Wood"，单击【确定】 ✓。如图 4-54 所示，只有选中的实例发生配置的改变。

步骤6　**修改零部件属性**　打开 "Plank <5>" 的【零部件属性】，前面步骤选择配置触发了【使用命名的配置】，选择【使用和阵列源零部件相同的配置】，单击【确定】。

图 4-53　切换源零件配置

图 4-54　切换实例的配置

所有阵列的实例都统一成源零件的配置，如图 4-55 所示。

步骤 7　保存并关闭所有文件

图 4-55　修改零部件属性

4.9.5　链零部件阵列

【链零部件阵列】是以模拟链的草图或曲线作为路径创建的零部件阵列。一个或多个零部件位于路径中，阵列的实例基于路径创建。创建的实例可以被拖动。

【搭接方式】决定了链组与链组之间在路径上如何链接。【距离】和【距离链接】选项都针对单链，【相连链接】选项则使用一对链组，见表 4-5。

表 4-5　搭接方式

选　项	说　明	图　例
距离	使用沿路径均匀分布的一组零部件创建阵列，这组零部件通过几何体的一个位置链接到路径上	
距离链接	使用沿路径均匀分布的一组零部件创建阵列，这组零部件通过几何体的两个位置链接到路径上	
相连链接	使用沿路径均匀分布的两组零部件创建阵列，这些零部件通过几何体的两个位置链接到路径上	

提示

路径可以是开环的，也可以是闭环的。

知识卡片	链零部件阵列	• CommandManager:【装配体】/【线性零部件阵列】弹出菜单/【链零部件阵列】。 • 菜单:【插入】/【零部件阵列】/【链阵列】。

操作步骤

步骤 1　打开装配体　打开 Lesson04 \ Case Study \ Chain 文件夹下的装配体 "Track"。该装配体包含一个装配体层级的链路径草图以及两个子装配体 ("Link_sub_1" 和 "Link_sub_2"),如图 4-56 所示。

扫码看视频

> 提示　设置基准面和临时轴可见。

步骤 2　设置路径　单击【链零部件阵列】,选择【相连链接】。单击【SelectionManager】选择闭环,选择草图,单击【确定】✔。勾选【填充路径】复选框,如图 4-57 所示,不要单击【确定】✔。

图 4-56　装配体 "Track"

> 提示　【填充路径】将根据路径长度自动填充阵列的几何体。

步骤 3　设置【链组 1】零部件　单击【链组 1】,【要阵列的零部件】选择 "Link_sub_1",其他选项设置如图 4-58 所示,选择 "Link_sub_1" 的临时轴和平面。

图 4-57　设置路径　　　　　　　　　　图 4-58　【链组 1】设置

> 提示　此时【填充路径】显示阵列实例数为 70 个。

步骤 4　设置【链组 2】零部件　单击【链组 2】,【要阵列的零部件】选择 "Link_sub_2",其他选项设置如图 4-59 所示,选择 "Link_sub_2" 的临时轴和平面。

在【选项】中选择【动态】并单击【确定】✔,效果如图 4-60 所示。

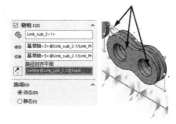

图 4-59　【链组 2】设置　　　　　图 4-60　相连链接

127

步骤5　源零部件与阵列实例　单击阵列特征"链阵列1"，确定阵列的源零部件，如图 4-61 所示。

步骤6　动态测试　拖动源零部件测试运动状态，如图 4-62 所示。

图 4-61　阵列中的源零部件 　　　 图 4-62　动态测试

步骤7　保存并关闭所有文件

4.10　镜像零部件

很多装配体具有不同程度的对称关系。零部件和子装配体能够通过镜像来反转方向，这样就能产生"相反方位"的零件。

在装配体中创建镜像时，系统将镜像分为两种情况：

1）零件在装配体中的位置是镜像的，并且零件中的几何体也存在镜像，即具有"左右手"的对称关系。

2）零件在装配体中的位置是镜像的，但是零件中的几何体不存在镜像关系（如五金件）。

● 零部件方向　复制的零部件的几何形状保持不变，只有方向发生变化。在镜像和相反方位零件中存在多种选项，见表 4-6。

表 4-6　镜像零部件的方向

选项	示例		选项	示例	
X 已镜像，Y 已镜像			X 已镜像并反转，Y 已镜像		
X 已镜像，Y 已镜像并反转			X 已镜像并反转，Y 已镜像并反转		
创建相反方位版本					

| 知识卡片 | 镜像零部件 | 镜像零部件允许用户关于基准面或者平面生成镜像装配体零部件。有两种方式可以控制零部件的原点位置：
• 边界框中心。所选零部件将以边界框中心按镜像平面来计算镜像位置，这是默认选项。
• 质心。所选零部件将以质心按镜像平面来计算镜像位置。
如有必要，还可以使用生成"相反方位"零部件或子装配体选项。"相反方位"版本可以另存成一个新的文档，或存为原文档的配置。 |
| | 操作方法 | • CommandManager：【装配体】/【线性零部件阵列】弹出菜单/【镜像零部件】。
• 菜单：【插入】/【镜像零部件】。 |

提示 可以使用【插入】/【参考几何体】/【边界框】命令来创建【边界框】特征。

装配体的镜像功能可能创建出许多新文件，一种是子装配体，另一种是镜像相反方位的零部件（而非复制）。推荐用户使用【工具】/【选项】/【系统选项】/【默认模板】，这样就能在查找路径中使用指定默认模板。否则，系统将提示用户为每个新文件选择一个模板，这将会非常麻烦。

操作步骤

步骤1 打开装配体 打开 Lesson04 \ Case Study \ Mirror Assembly 文件夹中的装配体"Mirror Assembly"，如图 4-63 所示。

扫码看视频

步骤2 选择镜像零部件 单击【镜像零部件】，其 PropertyManager 是一个包含几个页面的向导。选择装配体的右视基准面（Right Plane）作为【镜像基准面】，在【要镜像的零部件】中选择"pillar-1""pin-1"和"clamp-1"，如图 4-64 所示。单击【下一步】。

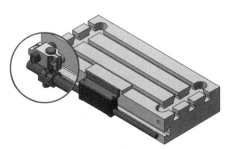

图 4-63 装配体"Mirror Assembly"

图 4-64 镜像零部件⊖

步骤3 设定方位 选择零件"clamp-1"，单击【创建相反方位版本】。然后选择零件"pillar-1"和"pin-1"，在图形区域中预览效果。如果需要，可以使用零部件方向选项来重新定位零件副本（如"pillar-1"和"pin-1"）的方向，如图 4-65 所示。

单击【下一步】。

⊖ 软件截图中的"镜向"为"镜像"的误用。

技巧 在【定向零部件】列表中右键单击零部件，在快捷菜单中可以选择一些附加选项。这些选项允许用户按照特定条件快捷地选择多个零部件。

步骤4 设置相反方位

创建"clamp – 1"的一个相反方位子装配体的新文件，添加后缀"- Mirror"，如图 4-66 所示。

单击文件名旁边的按钮，确保镜像零部件保存在正确的"Case Study"文件目录中。装配体的存储目录是 Lesson04 \ Case Study \ Mirror Assembly。单击【下一步】 ➡️。

步骤5 设置导入特征 如果选择保持与原有零件的连接，则会生成新的外部参考文件。【导入特征】允许用户选择将什么信息放在"clamp-Mirror"中。

如图 4-67 所示，勾选【实体】、【零件材料】和【从原始零件延伸】复选框，单击【确定】✓。如果勾选【断开与原有零件的连接】复选框，所有信息会被转移到新的文档中。

图 4-65　设定方位

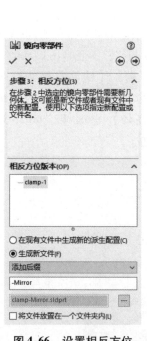

图 4-66　设置相反方位

图 4-67　设置导入特征

如果询问是否转换单位，单击【是】。

步骤6 查看镜像零部件 镜像零部件如图 4-68 所示。

步骤7 保存并关闭所有文件

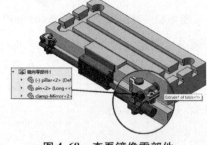

图 4-68　查看镜像零部件

练习4-1 修复装配体错误

本练习的任务是修复并编辑现有装配体文件，最终形成图4-69所示的装配体。

本练习将应用以下技术：

- 激活编辑。
- 查找和修复错误。
- 替换和修改零部件。
- 配合错误。

打开的装配体中存在一些错误，请按照提供的操作步骤和以下设计意图修复装配体中的错误：

图4-69 最终装配体

1）零件"Brace_New"和零件"End Connect"的孔居中对齐。
2）零件"End Connect"的一条边线和零件"Rect Base"的前面边线对齐。

操作步骤

步骤1 打开装配体 打开 Lesson04 \ Exercises \ Assy Errors 文件夹下的"assy_errors_lab"装配体，如图4-70所示。

步骤2 显示配合错误 展开"配合"文件夹，显示其中的配合错误。此处有两个相冲突的配合，使得"End Connect <2>"零件和"Brace_New <2>"零件过定义。根据设计意图，考虑应该删除哪一个配合来纠正过定义错误。

图4-70 "assy_errors_lab"装配体

步骤3 检查干涉 选择整个装配体进行干涉检查，"End Connect <1>"和"Brace_New <1>"存在一个干涉情况，如图4-71所示。

步骤4 编辑配合 编辑错误的配合"Coincident17"，修复配合并同时消除干涉。

技巧🔑 编辑该配合的定义时，要注意对齐条件，在应用之前先进行【预览】。

装配体应该如图4-72所示，在上视图中没有错误。

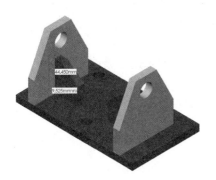

图4-71 检查干涉

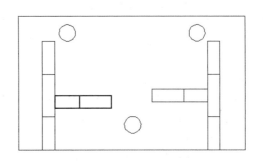

图4-72 装配体上视图

步骤5　查找并编辑配合　利用装配体导览列或使用【查看配合】，查找导致零部件 "Brace_New <1 >"不在中心的配合关系。

编辑这个配合，使零部件 "Brace_New <1 >" 满足设计意图，如图 4-73 所示。

步骤6　替换零件　使用零件 "new_end" 替换装配体中的两个 "End Connect" 零件，如图 4-74 所示。

步骤7　保存并关闭所有文件

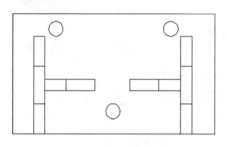
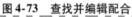

图 4-73　查找并编辑配合

图 4-74　替换零件

练习 4-2　镜像零部件

镜像并编辑子装配体，结果如图 4-75 所示。

本练习将应用以下技术：

- 镜像零部件。

图 4-75　镜像零部件

操作步骤

　　步骤1　打开装配体　打开 Lesson04 \ Exercises \ MirrorComp 文件夹下的 "FoldingPlat-form" 装配体。

　　步骤2　创建柔性子装配体　单击 "LeftSideSub" 并选择【使子装配体为柔性】📷。

提示👆　　　　该选项使得刚性的子装配体变为柔性，可以进行移动。

　　步骤3　镜像子装配体　镜像子装配体 "LeftSideSub"。

- 以子装配体的右视基准面作为【镜像基准面】。
- 除零部件 "Rivet" 以外，将其余所有子装配体零部件都设为相反方向版本。
- 重新定位 "Rivet" 至正确位置。
- 确定新子装配体的默认名称，对新生成的零件添加前缀 "Mirror"。

如果子装配体镜像正确，SOLIDWORKS 将重建所有配合。

　　步骤4　添加同步　在【设定方位】页面，勾选【同步柔性子装配体零部件的移动】复选框，以使两侧可以同步运动。

　　步骤5　保存并关闭所有文件

练习 4-3　阵列驱动零部件阵列

通过阵列完成图 4-76 所示的装配体。

本练习将应用以下技术：

- 零部件阵列。
- 阵列驱动零部件阵列。

图 4-76　阵列驱动零部件阵列

操作步骤

　　步骤 1　打开装配体　打开 Lesson04 \ Exercises \ Component Pattern 文件夹下的装配体 "PatternAssy"，如图 4-77 所示。

　　步骤 2　阵列零部件　利用两个按钮零件，创建如图 4-78 所示的阵列驱动零部件阵列。

图 4-77　装配体 "PatternAssy"　　　　图 4-78　阵列驱动零部件阵列

　　步骤 3　保存并关闭所有文件

练习 4-4　链零部件阵列

通过阵列完成图 4-79 所示的装配体。

本练习将应用以下技术：

- 零部件阵列。
- 链零部件阵列。

图 4-79　链零部件阵列

操作步骤

　　步骤 1　打开装配体　打开 Lesson04 \ Exercises \ Chain Pattern 文件夹下的装配体 "Track"。

　　步骤 2　插入零件　插入零件 "tank_tread_conn" 和 "tank_tread_plate"，确保两个零件都可以移动，如图 4-80 所示。

　　步骤 3　设置阵列零部件　单击【链零部件阵列】，选择【相连链接】模式并设置路径，如图 4-81 所示。

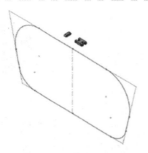
图4-80 插入零件

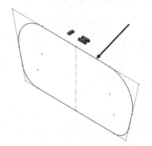
图4-81 选择链路径

步骤4 设置【链组1】 选择"tank_tread_plate"零件作为【链组1】选用零件，并设置临时轴作为【路径链接】，"Front"基准面作为【路径对齐平面】，如图4-82所示。

步骤5 设置【链组2】 选择"tank_tread_conn"零件作为【链组2】选用零件，并设置临时轴作为【路径链接】，"Right"基准面作为【路径对齐平面】。

设置阵列【实例数】为32，单击【动态】和【确定】，如图4-83所示。

步骤6 动态验证 沿路径顺时针拖动阵列零件，如图4-84所示。

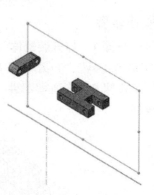
图4-82 设置【链组1】

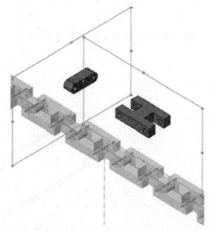
图4-83 设置【链组2】

图4-84 动态验证

步骤7 保存并关闭所有文件

第 5 章 使用装配体配置

学习目标
- 创建装配体配置
- 使用配置零部件自动创建配置
- 为零件创建自定义 PropertyManager
- 利用全局变量和方程式关联装配体中的零部件尺寸
- 利用传感器定义设计需求
- 利用配合控制器激活基于配合的运动

5.1 概述

装配体中的配置让用户可以在一个装配体文件中对模型创建多个不同的设计。

在装配体层级，配置通常控制所表示的零部件配置或零部件和特征的压缩状态。与零件一样，模型的许多其他信息也可以通过配置进行控制。使用装配体配置的实例如图 5-1 所示。

本章使用的零部件"Plank"已包含两个配置，每个配置以其材料命名，如图 5-2 所示。

现有的子装配体"Side_Table_Shelf_&_Burners"具有代表燃烧器位置的"左侧"和"右侧"配置，如图 5-3 所示是"左侧"配置。

图 5-1 使用装配体配置的实例　　　图 5-2 零部件"Plank"　　　图 5-3 子装配体的"左侧"配置

5.2 手动添加配置

添加配置最直接的方式就是手动添加。当没有压缩或者数量的变化时，仍然需要手动添加配置。在这些情况下，只添加配置名称就足够了。

交替位置视图：每个交替位置视图都需要自己的配置。它们会用在工程图视图中。

零部件定位：创建显示零部件运动范围或不同位置的视图。移动零部件，将其位置保存在配置中。

知识卡片	添加配置	• ConfigurationManager：右键单击顶层图标，选择【添加配置】。 • 快捷菜单：右键单击零部件，选择【添加配置】。

使用这种方式添加配置时，活动状态下的配置设置将被复制。配置也可以在 Configuration-Manager 中通过复制粘贴方式添加。

5.3 配置属性

除了【高级选项】外，装配体配置属性中的其他选项与零件中的一样。

• 【压缩新特征和配合】：当配合或装配体特征添加到装配体中时，如果另一个配置处于激活状态，那么这些配合或装配体特征会在此配置中被压缩。

• 【隐藏新零部件】：当零部件添加到装配体中时，如果另一个配置处于激活状态，那么这些零部件会被隐藏，并将相关信息存储在显示状态中。

• 【压缩新零部件】：当零部件添加到装配体中时，如果另一个配置处于激活状态，那么这些零部件会在此配置中被压缩。

操作步骤

步骤 1 打开装配体 打开 Lesson05 \ Case Study \ Configurations 文件夹下的装配体 "Support_Frame"，如图 5-4 所示。

步骤 2 配置属性 单击【ConfigurationManager】，右键单击 "Default" 配置并选择【属性】，将配置重命名为 "Planks_Wood"。

在【高级选项】选项组中，勾选【压缩新特征和配合】和【压缩新零部件】复选框，如图 5-5 所示。单击【确定】✓。

扫码看视频

技巧 🔒   在现有配置中设置这些属性后，新配置可以复制和使用这些属性。

图 5-4 装配体 "Support_Frame"

图 5-5　配置属性

5.4　使用配置零部件

　　若想自动创建配置，可以通过快捷菜单选择【配置零部件】或者【配置特征】进入【修改配置】对话框。该对话框允许用户创建新配置和对表格中的所选项进行设置。用户可以双击图形区域中或者 FeatureManager 设计树中的零部件和特征来添加到配置表中。一次可以预选很多实体到配置中，而不是一次只可以选一个实体。配置零部件选项见表 5-1。

表 5-1　配置零部件选项

右键单击项目	在配置零部件中显示的选项
零部件顶层、子装配体顶层、Toolbox 零部件	【压缩】的复选框和【配置】的下拉列表
在 FeatureManager 设计树中的配合和装配体特征	【压缩】的复选框
在图形区域中的配合和装配体特征的尺寸	当前值的数值框

　　●【修改配置】中的隐藏/显示控件　这些控件用于通过隐藏和显示按组分类的配置项和参数列来管理对话框。

　　1)【隐藏/显示草图和特征】 ：隐藏或显示配置的草图、尺寸或特征等相关的列。

　　2)【隐藏/显示零部件】 ：隐藏或显示已配置与零部件相关的列。

　　3)【隐藏/显示自定义属性】 ：隐藏或显示自定义文件属性列。

　　4)【隐藏/显示配置参数】 ：隐藏或显示配置参数，例如压缩新零部件和配合。

提示

　　　　　　【修改配置】对话框同样存在于零件文档中。

知识卡片	配置零部件或特征	●快捷菜单：在 FeatureManager 设计树或图形区域中右键单击实体，并选择【配置零部件】或【配置特征】。

步骤3　配置零部件　右键单击零部件"Plank＜1＞"并选择【配置零部件】。单击"＜生成新配置。＞"单元格，输入名称"Planks_Plastic"，在【配置】下拉列表中选择"Plastic"。当零部件被添加到表

图5-6　配置零部件

格中时，会创建【压缩】、【配置】和【固定】列。右键单击【固定】列，选择【删除】，结果如图5-6所示。单击【应用】以将更改添加到装配体中，不要关闭对话框。

步骤4　激活配置　双击激活新配置"Planks_Plastic"，激活的配置名称在表中显示为黑体。

每个新配置都使用了不同配置的零部件"Plank"，结果如图5-7所示。

图5-7　配置结果

步骤5　查看配置参数　在步骤2中，对配置中新配合和新零部件的状态进行了设置。单击【隐藏/显示零部件】以隐藏零部件列。单击【隐藏/显示配置参数】可以查看激活配置的设置，如图5-8所示。再次单击【隐藏/显示配置参数】。

图5-8　查看配置参数

步骤6　添加新配置　在"＜生成新配置。＞"单元格中输入"Single_Tray"，对这个新配置勾选【压缩】复选框，在【配置】下拉列表中选择"Wood"，单击【应用】。双击"Single_Tray"配置，使其处于激活状态，如图5-9所示。

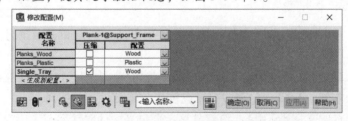

图5-9　添加新配置

> **提示**　源零件"Plank＜1＞"被压缩，但阵列的实例未被压缩。

步骤7　保存表格　输入名称"planks"，单击【保存表格视图】，并单击【确定】以关闭对话框。

　　表格保存在 ConfigurationManager 下的"表格"文件夹下，双击可再次打开，如图 5-10 所示。文件夹中还有一个"配置表"，此表与【修改配置】的表格相似，但这是使用第二个配置自动创建并储存数据的。

图 5-10　保存表格

　　步骤 8　添加配置　双击"planks"表格以将其打开，其阵列实体也需被压缩。在 FeatureManager 设计树中，双击"DerivedLPattern1"特征，这样就将该特征添加到该表格中了。将"Single_Tray"对应的配置压缩，如图 5-11 所示。

　　单击【应用】预览结果，单击【确定】关闭【修改配置】窗口。

　　步骤 9　配合零件　插入零件"side_table_shelf"，在装配体中定位该零件。该零件包含一个配合参考，利用该参考自动配合该零件到"Support_Leg"的上面，并添加宽度和同心配合，如图 5-12 所示。

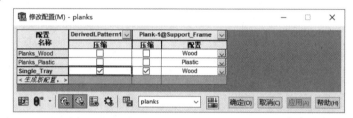

图 5-11　添加配置

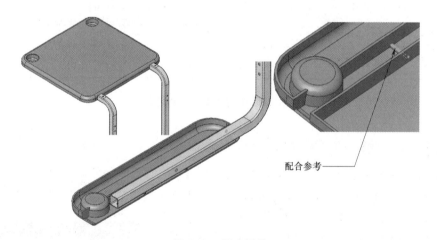

配合参考

图 5-12　配合零件

　　步骤 10　切换配置　因为在步骤 2 中进行了配置属性设置，所以除了当前被激活的配置"Single_Tray"外，在其他所有配置中，零件"side_table_shelf"及其所有配合将被压缩，如图 5-13 所示。

 提示　　可以通过【配置】工具栏进行配置切换，如图 5-14 所示。

　　步骤 11　添加新配置　右键单击"planks"表格，选择【显示表格】以打开它，双击"side_table_shelf"零件以添加。在"<生成新配置。>"中输入"LH_Burners"，在新配置中勾选【压缩】复选框。双击该配置以激活，单击【应用】，单击【保存表格视图】和【确定】，如图 5-15 所示。

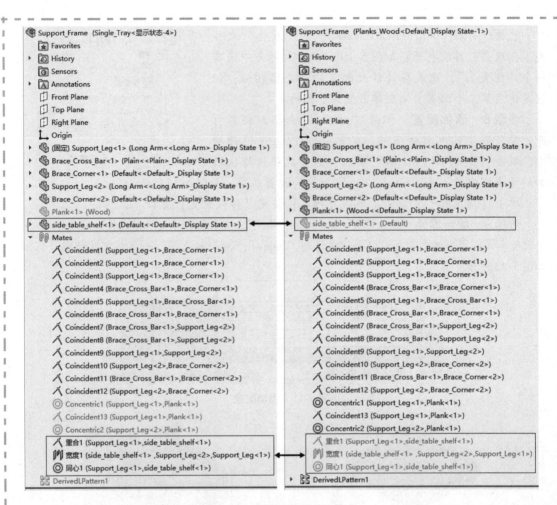

图 5-13 压缩的零件及其配合

提示　列的顺序可能会发生变化。

步骤 12　插入子装配体　插入处于"Left"配置下的子装配体"side_table_shelf_&_burners"，添加步骤 9 中的配合。这个子装配体中已经嵌套了一些子装配体，如图 5-16 所示。关联工具栏也可以用来修改零部件配置，如图 5-17 所示。在激活的装配体配置中，可以通过选项【所有配置】或【指定配置】来改变零部件配置。

图 5-14 【配置】工具栏

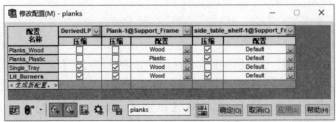

图 5-15 添加新配置

下面手动添加一个配置到"Support_Frame"中，然后使用关联工具栏来选定烧烤架子装配体的右侧配置。

步骤 13　手动添加新配置　使用 ConfigurationManager 添加新配置，将其命名为"RH_Burners"，并使其处于激活状态。

步骤 14　配置子装配体　在 FeatureManager 设计树中选择"side_table_shelf_&_burners"子装配体，在菜单中单击【编辑】/【压缩】/【指定配置】，选择"LH_Burners"和"RH_Burners"配置并单击【确定】，如图 5-18 所示。

图 5-16　嵌套的子装配体　　图 5-17　关联工具栏　　图 5-18　配置子装配体

> **提示**　在 FeatureManager 设计树中选择子装配体以确保选择的是子装配体而不是其中的零部件。

141

步骤 15　保存文件　保存文件，但不关闭装配体，结果如图 5-19 所示。

步骤 16　插入零件　单击【插入零部件】，选择"Wheel"零件的"200_Hub"配置添加到装配体中，如图 5-20 所示。

步骤 17　复制零件　按住 <Ctrl> 键并拖动零件"Wheel"创建另外的实例，选择相同的配置。

图 5-19　配置效果

步骤 18　快速配合　按住 <Alt> 键并拖动"Wheel"的圆边线到"Support_Leg"圆孔轮廓线，添加同心及重合配合。注意当光标显示为时，表示正确的配合关系。对另一个"Wheel"重复同样的操作，如图 5-21 所示。

图 5-20　插入零件"Wheel"　　　　图 5-21　快速配合

步骤19　配置零部件　按住＜Ctrl＞键同时选中两个"Wheel"零件，单击右键后选择【配置零部件】，不勾选两个"Wheel"前的【压缩】复选框，单击【确定】，如图5-22所示。

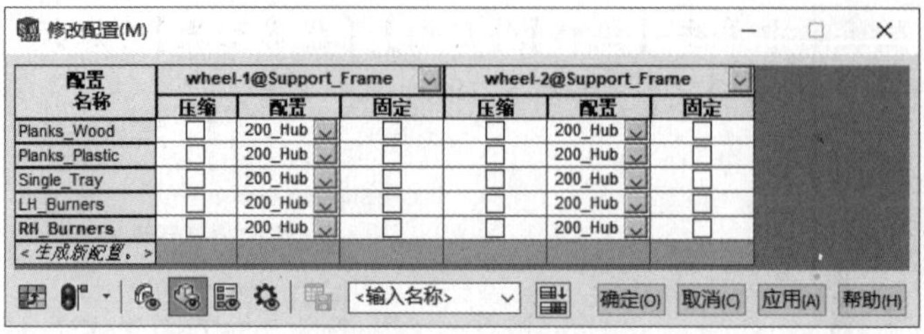

配置名称	wheel-1@Support_Frame			wheel-2@Support_Frame		
	压缩	配置	固定	压缩	配置	固定
Planks_Wood	☐	200_Hub ▾	☐	☐	200_Hub ▾	☐
Planks_Plastic	☐	200_Hub ▾	☐	☐	200_Hub ▾	☐
Single_Tray	☐	200_Hub ▾	☐	☐	200_Hub ▾	☐
LH_Burners	☐	200_Hub ▾	☐	☐	200_Hub ▾	☐
RH_Burners	☐	200_Hub ▾	☐	☐	200_Hub ▾	☐

图 5-22　配置零部件

> 提示 这是一个不同的表格，虽然应用了更改，但不会保存表格本身。通过清除所有的【压缩】复选框，零部件并未被配置。

步骤20　测试配置　逐个激活各个配置，确保"Wheel"零件出现在所有配置中，并且合适的"Plank"与"side_table_shelf"出现在正确的配置中。

步骤21　保存但不关闭装配体

5.4.1　保存配置

用户可以保存零件或装配体的选定配置的副本。在 ConfigurationManager 中，右键单击顶层零部件，然后单击【保存配置】。如图 5-23 所示，勾选一个或多个【配置名称】复选框，再单击【保存选定项】，并为零件或装配体副本选择一个文件夹。对于装配体，仅复制装配体文件。

> 提示 用户不能清除激活的配置。

5.4.2　装配体信息

可以从装配体中获取一些信息来确定参数，如大小、深度和参考。

图 5-23　保存配置

知识卡片	性能评估	【性能评估】可以用来统计某种零部件和子装配体的数量，也可以用来诊断错误。 列出的信息有以下几种： • 打开性能。 • 显示性能。 • 重建性能。 • 设置性能。 • 统计。
	操作方法	• CommandManager：【评估】／【性能评估】 ⯐。 • 菜单：【工具】／【评估】／【性能评估】。

步骤 22　性能评估　激活"RH_Burners"配置。单击【性能评估】 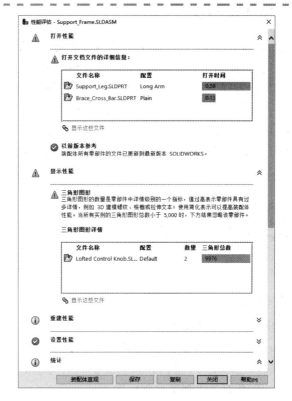，并展开【打开性能】部分。如图5-24所示，"Support_Leg"零件是装配体中加载最缓慢的零部件。这是由于多个配置造成的。

步骤 23　查看统计　展开【统计】部分，查看零部件总数和结构信息息，如图5-25 所示。单击【关闭】。

【最大深度】是指从最顶层的装配体开始，所嵌套的子装配体层数，如图5-26 所示。

步骤 24　保存并关闭所有文件

图 5-24　性能评估

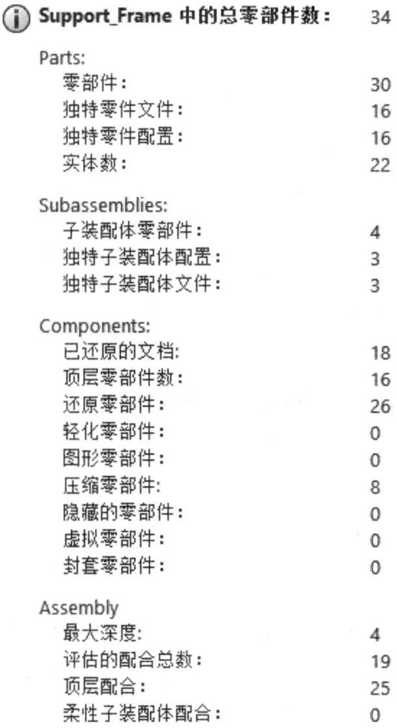

① Support_Frame 中的总零部件数：	**34**
Parts:	
零部件：	30
独特零件文件：	16
独特零件配置：	16
实体数：	22
Subassemblies:	
子装配体零部件：	4
独特子装配体配置：	3
独特子装配体文件：	3
Components:	
已还原的文档：	18
顶层零部件数：	16
还原零部件：	26
轻化零部件：	0
图形零部件：	0
压缩零部件：	8
隐藏的零部件：	0
虚拟零部件：	0
封套零部件：	0
Assembly	
最大深度：	4
评估的配合总数：	19
顶层配合：	25
柔性子装配体配合：	0

图 5-25　查看统计

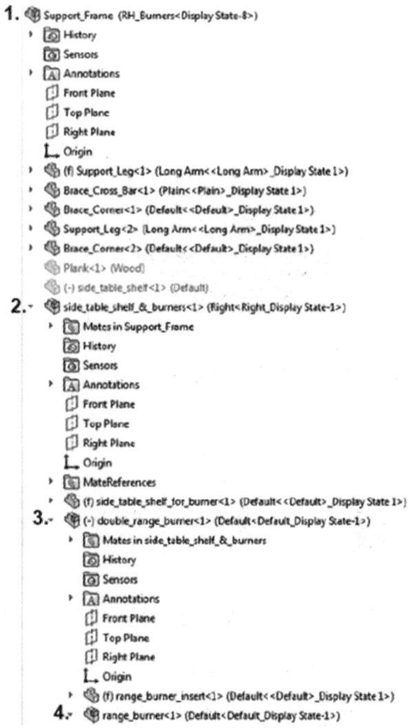

图 5-26　最大深度

5.5 管理树显示

在 FeatureManager 设计树中会显示很多杂乱的信息，例如文件名称、实例数、配置名、状态名称等。它们被列在 FeatureManager 设计树的每一个零部件中。

如果满足以下条件，FeatureManager 设计树显示信息可以减少：

- 当装配体中所使用的零部件只有一个配置时。
- 有一些零部件包含多个相同实例时。

用户可以使用主要、次要和第三名称和描述元素来自定义 FeatureManager 设计树中的显示信息。

知识卡片	管理树显示	• 快捷菜单：右键单击顶层零部件，单击【树显示】/【零部件名称和描述】。 • 快捷菜单：右键单击顶层零部件，单击【树显示】/【对零部件实例分组】。

操作步骤

步骤 1　打开装配体　打开 Lesson05 \ Case Study \ Managing the Tree Display 文件夹下的装配体 "Chess Set"，如图 5-27 所示。

扫码看视频

使用【性能评估】，装配体包含 33 个零部件，其中有 13 个零部件是唯一的，每个零部件都有一个配置。

步骤 2　配置和显示状态名称　单击【零部件名称和描述】。除了【零部件名称】外，清除所有内容，如图 5-28 所示，单击【应用】，再单击【确定】。

图 5-27　装配体 "Chess Set"

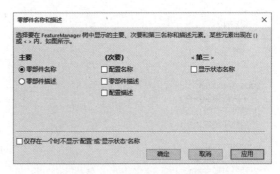

图 5-28　配置和显示状态名称

 提示　零部件实例号仍然存在，如图 5-29 所示。

步骤 3　对零部件实例分组　单击【对零部件实例分组】，包含多个实例的零部件在 FeatureManager 设计树中合并为一个组。树显示格式包括使用的名称、配置和实例总数。每个组都可以展开显示各个实例，如图 5-30 所示。

144

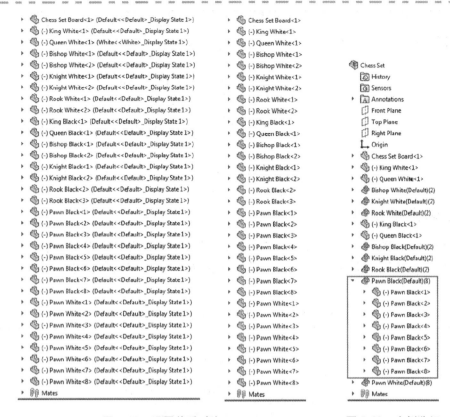

图 5-29　设置前后对比　　　　　　　　图 5-30　实例分组

 提示 ⬆️ 　　　选择单个组将选择该零部件包含的所有实例。

在分组后的顶层零部件上单击右键并选择【取消对零部件的分组】可以解散分组，如图 5-31 所示。

步骤 4　保存并关闭所有文件

图 5-31　解散分组

● **控制零部件配置和状态的方法总结**　在配置零部件时，压缩状态和零部件配置是两个比较典型的设置。用户有很多方法来完成这些配置，最方便的方法就是最好的方法。

表 5-2 列出了几种不同的方法。

表 5-2　控制压缩状态和零部件配置的方法

名　　称	作　　用
配置零部件 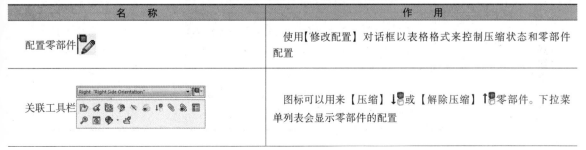	使用【修改配置】对话框以表格格式来控制压缩状态和零部件配置
关联工具栏	图标可以用来【压缩】或【解除压缩】零部件。下拉菜单列表会显示零部件的配置

（续）

名　　　称	作　　　用
零部件属性 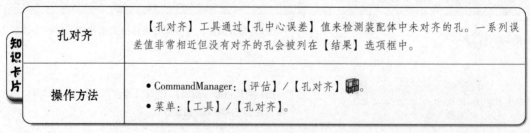	此功能可以配置和压缩单个零部件
编辑菜单	当选择【压缩】↓、【解除压缩】↑或【带从属关系解除压缩】↑时，可以规定装配体配置
设计表	使用装配体设计表以电子表格的形式控制压缩状态和零部件配置
配置表	配置表是使用多种配置自动创建的。它存储所有已配置的草图、特征、配合和零部件的数据，也可用于添加新配置和编辑现有配置

5.6　装配体评估工具

装配体评估工具可以很方便地根据用户的设计要求来判断是否需要进行修改。表 5-3 列出了装配体评估工具的名称及用途。所有工具都可以通过 CommandManager 中的【评估】选项卡找到。

表 5-3　装配体评估工具的名称及用途

名　　　称	用　　　途
干涉检查	检查装配体中静态零部件之间的干涉
间隙验证	计算所选零部件或者面之间的间隙
孔对齐	检查装配体，确保孔对齐
装配体直观	根据选择的标准（例如质量），组织、过滤和可选择地为装配体零部件着色
装配体打开进度指示器	打开装配体时提供操作状态信息
性能评估	评估装配体性能和提供与装配体结构相关的信息
移动零部件	包含多种选项来评估零部件的运动，例如碰撞检查、动态间距和物理动力学

5.7　孔对齐

下面将使用齿轮箱装配体的一部分来检验【孔对齐】工具，然后使用全局变量和方程式来确保孔对齐。

知识卡片	孔对齐	【孔对齐】工具通过【孔中心误差】值来检测装配体中未对齐的孔。一系列误差值非常相近但没有对齐的孔会被列在【结果】选项框中。
	操作方法	• CommandManager：【评估】/【孔对齐】。 • 菜单：【工具】/【孔对齐】。

操作步骤

步骤1　打开装配体　从文件夹 Lesson05 \ Case Study \ Hole Alignment 中打开装配体"Hole_Alignment",如图5-32所示。

步骤2　计算　单击【孔对齐】，使用【孔中心误差】的默认值 10mm,如图 5-33 所示,单击【计算】。

扫码看视频

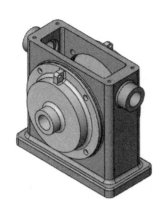

图5-32　装配体"Hole_Alignment"

图5-33　计算

步骤3　查看结果　在【结果】选项框中有四条记录(见图5-34),因为有四个同心 孔。展开第一条记录的第一个"最大误差"文件夹,其中包含比较的两个孔与中心孔之 间的误差。

147

步骤4　放大所选范围　切换到前视图,右键单击红色记录,然后选择【放大所选范 围】,近距离观察误差,如图5-35所示。单击【确定】。

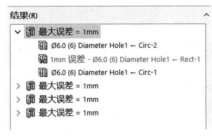

图5-34　查看结果

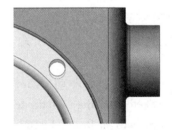

图5-35　放大所选范围

5.8　在装配体中控制尺寸

在创建装配体时,捕获设计意图的一个重要部分是明确要设计对象的尺寸和位置。装配体中 零部件的尺寸可以由以下三种方法在装配体层级相互关联:

- 关联特征。
- 全局变量。
- 方程式。

前面已经介绍过关联特征,接下来将介绍全局变量和方程式。

5.8.1 全局变量

可以在方程式中创建全局变量，并强制使两个或多个变量之间的尺寸值相同。全局变量必须放在方程式的引号中。例如，D1 @ Sketch5 @ MotorBase. Part ＝ "Length"，使用变量的名称"Length"来定义全局变量。

5.8.2 装配体方程式

在装配体中，可以用代数方程式控制尺寸。方程式对话框在装配体中和零部件中是一样的。几个使用装配体方程式的示例为：

- 控制装配体特征的尺寸。
- 控制如角度或距离配合等的配合值。
- 控制零部件的压缩状态。

5.8.3 装配体中的尺寸名称

尺寸名称在装配体层级和零部件层级中有所不同。装配体层级的尺寸名称会添加另外的信息。

- 零部件中的尺寸名称：D1@ Sketch5。
- 装配体中的尺寸名称：D1@ Sketch5@ MotorBase. Part。

 提示

来自子装配体的尺寸会自动添加更多的层级名称。

5.8.4 添加方程式

装配体方程式可以使用装配体特征或配合、零部件的尺寸或者全局变量。在装配体中添加方程式，必须以先零部件后特征的顺序搜索需要的尺寸。在实例中，最好将默认的名称改成具体的有意义的名称。

⚠️ 注意

大多数方程式是出现在"方程式-零部件"下的，而用到顶层装配体尺寸的，如距离配合，可能会出现在"方程式-顶层"。

5.8.5 创建方程式

利用不同零件之间的尺寸创建方程式，方程式右端的尺寸为自变量，方程式的左端为因变量，从动尺寸 = 驱动尺寸。

本例中，"Rect"零件将驱动"Circ"零件的尺寸大小。

驱动尺寸 = Sketch4 of Boss – Extrude2，Rect。

从动尺寸 = Sketch1 of Base – Extrude，Circ。

步骤5　添加方程式　单击【工具】/【方程式】。在【方程式、整体变量、及尺寸】对话框中，单击【方程式-零部件】下方位置以添加数据。

步骤6　添加尺寸　双击"Circ"零件的"Sketch1"特征，显示尺寸后单击，加入到【名称】一栏中，如图5-36 所示。

步骤7　完成方程式　双击"Rect"零件的"Sketch4"特征，显示尺寸后单击，加入到【数值/方程式】一栏中，在【估算到】一栏中浏览数值，单击【确定】，如图5-37 所示。

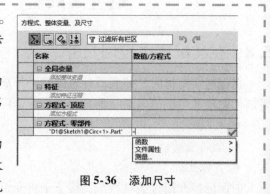

图 5-36　添加尺寸

148

名称	数值/方程式	估算到
□ **全局变量**		
添加整体变量		
特征		
添加特征压缩		
□ **方程式 - 顶层**		
添加方程式		
□ **方程式 - 零部件**		
"D1@Sketch1@Circ<1>.Part"	= "D1@Sketch4@Rect<1>.Part"	98.425mm
添加方程式		

图 5-37　完成方程式

步骤 8　修改尺寸　双击"Rect"零件的"Sketch4"特征，双击方程式用到的尺寸，调整数值到 100mm。重建装配体，发现两个零件的值变为一致，如图 5-38 所示。

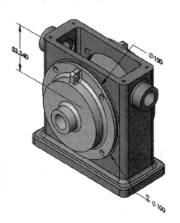

> ⚠ **注意**　从动尺寸，即"Circ"零件"Sketch1"特征中的尺寸是不能直接修改的。在【修改】对话框中是用方程式标记的，并用方程式或数值的方式来显示尺寸值，如图 5-39 所示。

图 5-38　修改尺寸

149

修改	修改
✓ ✗ 🔒 ±🔒 🖉	✓ ✗ 🔒 ±🔒 🖉
D1@Sketch1	D1@Sketch1
Σ ="D1@Sketch4@Rect<1>.Part"	Σ 100.000mm

图 5-39　【修改】对话框

5.8.6　方程式与函数

方程式不仅仅是简单的等式，可以利用函数关系式结合全局变量、文件属性以及测量数据创建综合性的方程式。

下面将用距离的尺寸来驱动圆孔到圆心半径尺寸的数值。

步骤 9　查看尺寸　打开零件"Rect"，然后编辑"φ6.0 (6) Diameter Hole1"特征下的"Sketch13"草图。注意尺寸值 31 和 32 是不相等的，如图 5-40 所示。

步骤 10　创建全局变量　双击尺寸 31mm，在【修改】对话框中输入"=L"，然后单击🔣图标创建全局变量，如图 5-41 所示。单击【确定】✓。

步骤 11　设置等式　双击尺寸 32mm，在【修改】对话框中输入"="，然后选择【全局变量】，从列表中选择"L (31)"，单击【确定】✓。现在尺寸都是相等的，被全局变量值驱动，如图 5-42 所示。退出草图。

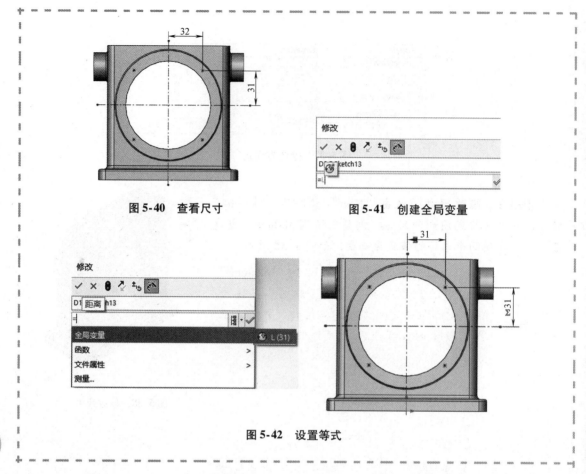

图 5-40 查看尺寸

图 5-41 创建全局变量

图 5-42 设置等式

5.8.7　方程式

接下来创建零件"Circ"中螺栓节圆的半径和零件"Rect"中生成的"L"的全局变量之间的方程式。改变"L"的距离将驱动半径尺寸发生改变，如图 5-43 所示。

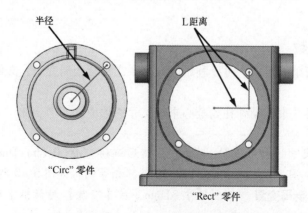

图 5-43　"Circ"和"Rect"零件

方程式为

$$R = \sqrt{2 \times L^2}$$

式中　R——"Circ"零件中的半径尺寸（mm）。

步骤12　添加方程式　退回到装配体，单击【工具】/【方程式】，打开【方程式、整体变量、及尺寸】对话框。在【方程式-零部件】下单击以添加方程式。

步骤13　添加尺寸　双击零件"Circ"的"φ6.0（6）Diameter Hole1"特征，然后单击半径尺寸，以添加尺寸到方程式中，如图5-44所示。

名称	数值/方程式	估算到
□ 全局变量		
添加整体变量		
□ 特征		
添加特征压缩		
□ 方程式 - 顶层		
添加方程式		
□ 方程式 - 零部件		
"D1@Sketch1@Circ<1>.Part"	= "D1@Sketch4@Rect<1>.Part"	100mm
"BOLT_CIR@Sketch9@Circ<1>.Part"		

图 5-44　添加尺寸

步骤14　添加函数　单击【函数】，选择函数"sqr（）"，将光标放置在括号内，如图5-45所示。

步骤15　完成方程式　输入"2*"，双击"Rect"零件的"φ6.0（6）Diameter Hole1"特征，然后单击"L"的尺寸，再输入"^2"以完成方程式。【估算到】里显示数值为43.841mm，如图5-46所示。不要单击【确定】✔。

名称	数值/方程式
△ 名称	
□ 全局变量	
添加整体变量	
□ 特征	
添加特征压缩	
□ 方程式 - 顶层	
添加方程式	
□ 方程式 - 零部件	
"D1@Sketch1@Circ<1>.Part"	= "D1@Sketch4@Rect<1>.Part"
"BOLT_CIR@Sketch9@Circ<1>.Part"	= sqr()

图 5-45　添加函数

名称	数值/方程式	估算到
□ 全局变量		
添加整体变量		
□ 特征		
添加特征压缩		
□ 方程式 - 顶层		
添加方程式		
□ 方程式 - 零部件		
"D1@Sketch1@Circ<1>.Part"	= "D1@Sketch4@Rect<1>.Part"	100mm
"BOLT_CIR@Sketch9@Circ<1>.Part"	= sqr (2 * "D2@Sketch13@Rect<1>.Part" ^ 2)	43.841mm
添加方程式		

图 5-46　完成方程式

步骤16　重建　勾选【自动重建】复选框，对装配体进行修改。单击【确定】✔。

步骤17　检查　再次单击【孔对齐】，确保所有孔均已对齐。

> **提示**　因为在同一个方程式中含有不同零件的尺寸，所以"方程式 - >"文件夹成为一个外部参考生成者。虽然零件被装配体方程式驱动，但零件并没有外部参考的标识。

151

知识卡片	评论	评论可以添加到零件的特征项、零部件、配合或者几乎所有的特征和装配体文件夹下的图形和非图形的信息上。可添加的类型为文字、时间戳记、图像或截图。 当光标悬停到相关特征上，评论就会出现，如图5-49所示。
	操作方法	● 快捷菜单：在特征上单击右键，选择【评论】/【添加备注】。

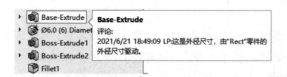

图 5-47　查看评论

步骤 18　打开零件　打开零件"Circ"。

步骤 19　添加评论　右键单击特征"Base-Extrude"，选择【评论】/【添加备注】，输入文字内容后单击【保存并关闭】，如图 5-48 所示。

右键单击特征"φ6.0（6）Diameter Hole1"，选择【评论】/【添加备注】，输入文字内容后单击【保存并关闭】，如图 5-49 所示。

步骤 20　查看评论　回到装配体"Hole_A-lignment"，右键单击顶层装配体并选择【树显示】/【显示备注指示符】，将光标悬停在两个特征上查看评论，如图 5-50 所示。

图 5-48　添加评论

图 5-49　添加评论

图 5-50　查看评论

步骤 21　保存并关闭所有文件

5.9　传感器

在本例中，传感器用来监视零部件之间的空隙。如果空隙小于或等于 0.5mm，则发出警告。

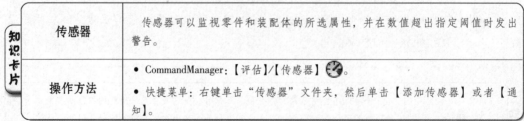

知识卡片	传感器	传感器可以监视零件和装配体的所选属性，并在数值超出指定阈值时发出警告。
	操作方法	• CommandManager：【评估】/【传感器】🕐。 • 快捷菜单：右键单击"传感器"文件夹，然后单击【添加传感器】或者【通知】。

传感器类型包括仿真和成本分析结果，物理模型数据（如质量属性、尺寸和测量值）以及物理装配数据（如干涉和接近值）。每个传感器类型都有特定的数据量或属性，见表 5-4。

表 5-4　传感器类型

传感器类型	采样数据量	采样属性	采样提醒
【Simulation 数据】监控仿真分析结果,例如应力、应变位移或速度等	典型数据包括应力、应变、位移、速度等	典型属性包括单位 psi、模型最大值等	大于 小于 刚好是 不大于 不小于 不恰好 介于 没介于
【质量属性】监控质量属性值	无	质量、体积、表面积等	
【尺寸】监控尺寸数值	无	选中的尺寸	
【测量】监控测量结果	无	测量结果	
【干涉检查】监视选中零部件之间的干涉检查结果	无	需要检查的零部件以及相关选项	真实 不真实
【接近】监视零部件与某位置的测量结果	无	接近传感器位置 接近传感器方向 要跟踪的零部件 接近传感器范围	真实 不真实
【Costing 数据】监视 Costing 运算结果	总成本 材料成本 制造成本	无	大于 小于 刚好是 不大于 不小于 不恰好 介于 没介于

【提醒】会在"传感器"文件夹中触发警告,它也可以触发警告声音。单击【工具】/【选项】/【系统选项】/【普通】,然后勾选【启用 SOLIDWORKS 事件的声音】复选框。单击【配置声音】并设置【传感器警戒】。

操作步骤

步骤 1　打开装配体　从 Lesson05 \ Case Study \ Sensors 文件夹中打开装配体"Sensors",如图 5-51 所示。

当选择【尺寸】传感器类型时,参考尺寸将会用作传感器的基础尺寸,如图 5-52 所示。使用参考尺寸,放在"HD_Washer"和"HD_Arm"平面之间,监视间隙。

扫码看视频

图 5-51　装配体"Sensors"

步骤 2　添加传感器　右键单击"传感器"(Sensors)文件夹,选择【添加传感器】,在【传感器类型】中选择【尺寸】,如图 5-53 所示。勾选【提醒】复选框,选择值小于 0.5 时提醒。单击【确定】✓,尺寸传感器就被添加到"传感器"文件夹中了,如图5-54所示。

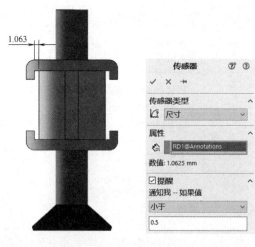

图5-52 尺寸传感器　图5-53 添加传感器　图5-54 添加后的尺寸传感器

步骤3　设置通知　右键单击传感器文件，选择【通知】。设置引发警戒和过时的传感器的时间间隔，单击【确定】✔，如图5-55所示。

步骤4　变更特征尺寸　打开任意一个"HD_Washer"零件，将特征"Extrude2"的尺寸改为2.75mm，如图5-56所示。

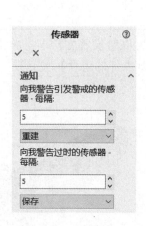

图5-55　设置通知

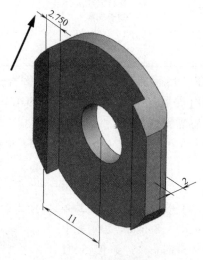

图5-56　变更特征尺寸

步骤5　保存并关闭文件

步骤6　查看警告　在FeatureManager设计树的传感器位置会有一个警告符号，如图5-57所示。

单击【重建】📷引发警告。【什么错】对话框显示"以下传感器已引发警戒：尺寸0.313mm＜0.5"，如图5-58所示。

关闭【什么错】对话框。

图5-57　警告符号

　　步骤7　更改尺寸　如果将特征"Extrude2"的数值改为 2.5mm，警告将被关闭，传感器依然处于活动状态，但不再报警，如图 5-59 所示。

图 5-58　查看警告   图 5-59　更改尺寸

● **接近传感器**　在此示例中，在没有尺寸时，可以创建一个零部件与位置之间的接近传感器。当接近范围小于 20mm 时，警告将被触发。

　　步骤8　更改距离配合　展开"配合"文件夹查看配合"Distance1"，它是从轴到面之间设置的距离配合。如图 5-60 所示，双击这个配合并设定值为 20mm。

　　步骤9　设置接近传感器　右键单击"传感器"文件夹，选择【添加传感器】。设置【传感器类型】为【接近】，并完成图 5-61 所示的设置：

● 接近传感器位置：面。

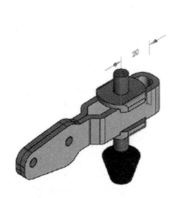

图 5-60　更改距离配合   图 5-61　接近传感器设置

● 接近传感器方向：边线。
● 要跟踪的零部件：HD_Bolt。
● 接近传感器范围：20mm。
● 勾选【提醒】复选框并设置值为【真实】时提醒。

单击【确定】✔。

步骤10　**报警**　当前位置满足条件，接近传感器发出警报，如图 5-62 所示。

步骤11　**更改传感器范围**　右键单击传感器并选择【编辑传感器】。将接近传感器范围修改到 16mm，单击【确定】✔。

警报解除，如图 5-63 所示。

图 5-62　传感器报警

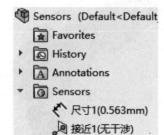
图 5-63　警报解除

步骤12　**保存并关闭文件**

5.10　配合控制器

配合控制器用来创建基于配合的动画，如图 5-64 所示。其可创建多个配合位置，每个位置都有一组不同的配合数值。

支持配合的类型有角度、距离、限制角度、限制距离、槽口和宽度。

完成的一组步骤或配合位置可以动态地显示装配体的连续运动。

【保存动画】📇可以将动画保存为 AVI 格式的文档。

提示　　【限制角度】配合可以具有负角度值。

5.10.1　配合位置

【配合位置】选项组用来创建每个配合位置对应的配合数值，用户可按自己的设定来定义配合的当前值。

默认情况下，配合位置会被命名为"位置1""位置2"等，也可以更改名称。用户可以在【将位置重新排序】📝对话框中更改位置顺序。

在本例中，机械手通过在不同的配合位置改变同一个配合的值来实现位置的更改，如图 5-65 所示。

图 5-64　配合控制器

图 5-65　配合位置

156

5.10.2 拖动零部件

使用【使该配合处于被驱动状态】🔒触发拖拽或旋转零部件，而不再使用特定的配合值来约束配合。

 提示 每个配合位置都可以设置很多的配合数值，但是制作动画时最好不要去改变最初和最终位置的配合数值。

5.10.3 配合位置的配置

图 5-66 添加配置

添加配置选项会生成与当前配合位置设置相同的配置，如图 5-66 所示。配置名称则按"配合控制位置＜数字＞"格式来确定。

 知识卡片

配合控制器	• 菜单：【插入】/【配合控制器】🔧。

操作步骤

步骤1 打开装配体 打开 Lesson05 \ Case Study \ Mate Controller 文件夹下的装配体"Mate Controller"，如图 5-67 所示。

步骤2 配合控制器 打开【配合控制器】并单击【收集所有支持的配合】🔧，这里只有配合控制器支持的配合类型才能被选择。

扫码看视频   图 5-67 装配体
"Mate Controller"

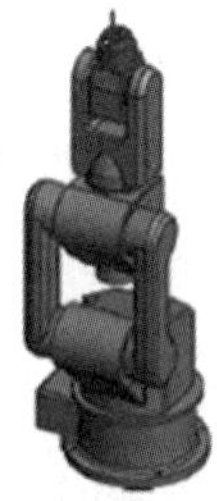

利用上移和下移箭头对配合进行重新排序，如图 5-68 所示。每个新创建的位置都会使用同样的配合顺序。

步骤3 添加"位置2" "位置1"是启动配合位置时默认添加的，没有动画选项。单击【添加位置】🔧生成"位置2"。

步骤4 查看"位置2" 更改"Lower – Base"零部件的配合角度为 90°。

配合数值发生变化，名称也被标记上了"＊"号，如图 5-69 所示。

开始时，可以使用很小的增量方式移动或转动以查看环形箭头的运动。

步骤5 添加"位置3" 添加一个新位置，更改"Arm-Lower"零件的角度为 45°，如图 5-70 所示。

图 5-68 对配合排序

图 5-69 查看"位置2"

图 5-70 添加"位置3"

157

步骤6 设定剩余位置 剩余位置的设定参数见表5-5。

表5-5 剩余位置参数设定

配合位置	配合	值	配合位置	配合	值
位置4	Upper-Arm	135°	位置7	Flange-Wrist	270°
位置5	Forearm-Upper	90°	位置8	forearm extension	100mm
位置6	Wrist-Forearm	45°	位置9	无	无

步骤7 计算动画 单击【计算动画】📇，计算帧并播放动画。运动时的当前位置将在表中高亮显示，如图5-71所示。

单击【确定】✔，完成配合控制器。

步骤8 配合控制器特征 配合控制器特征存储在 FeatureManager 设计树的"配合"文件夹下，如图5-72所示。配合控制器特征可以使用【编辑特征】进行编辑。

配合控制器的结果可以通过动画向导导入到运动算例中，如图5-73所示。

图5-71 计算动画

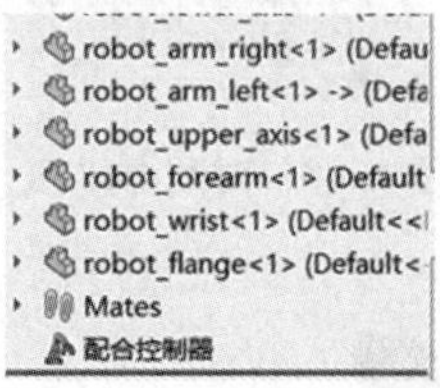

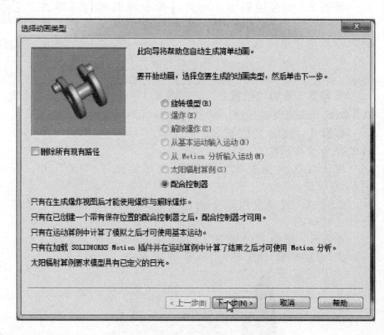

图5-72 配合控制器特征

图5-73 配合控制器导入运动算例

配合通过关键帧来驱动动画，如图5-74所示。

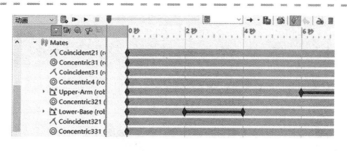

图 5-74　配合驱动动画

练习 5-1　使用修改配置

本练习的任务是使用所提供的装配体，创建装配体配置，如图 5-75 所示。

本练习将应用以下技术：

- 使用配置零部件。
- 手动添加配置。

单位：mm。

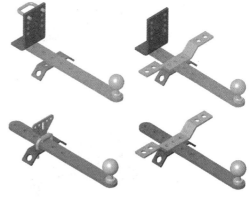

图 5-75　创建装配体配置

操作步骤

步骤 1　打开装配体　打开文件夹 Lesson05 \ Exercises \ Assy Configs 下的装配体 “ASSY CONFIGS”，如图 5-76 所示。该装配体是用于拖车钩的一个部件。当前的配置包含了所有的零部件。

图 5-76　装配体 “ASSY CONFIGS”

步骤 2　配置设置　根据图 5-77 所示创建如下配置：四个配置依次命名为 “INST-1” “INST-2” “INST-3” 和 “INST-4”。左列是配置名称，顶行列出了装配体中的零部件，表中列出了压缩状态。

配置名称	SUB FAC 压缩	L-BRACKET-1 压缩	U BOLT-1@A 压缩	SMALL STRA 压缩
Default	☐	☐	☐	☐
INST-1	☑	☐	☐	☑
INST-2	☑	☐	☑	☑
INST-3	☐	☑	☑	☑
INST-4	☑	☑	☑	☐

图 5-77　配置设置

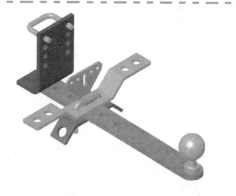

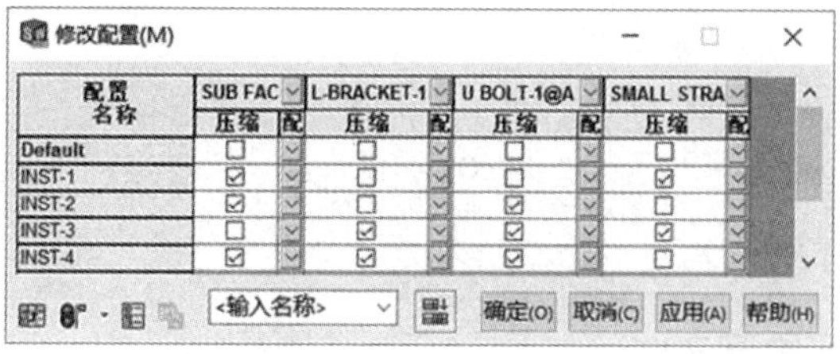

步骤3　创建配置　创建图 5-78 所示的四个配置。

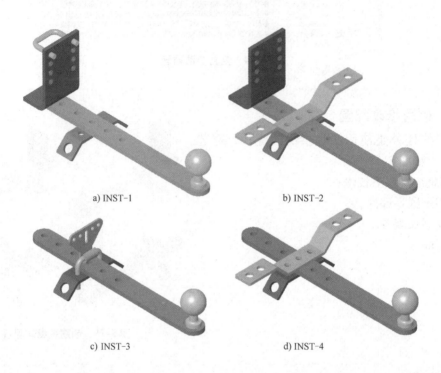

a) INST-1

b) INST-2

c) INST-3

d) INST-4

图 5-78　创建配置

步骤4　添加球面间的配合　在装配体中插入零件"RUST COVER"，如图 5-79 所示。

在零件"RUST COVER"和零件"BALL"的球面之间添加一个【同心】配合。为了避免该零件转动，还要添加一个【平行】配合，如图 5-80 所示。

步骤5　解除压缩　零件"RUST COVER"在装配体的所有配置中均为解压状态。

步骤6　创建爆炸视图　为每个新的配置创建爆炸视图，如图 5-81 所示。

图 5-79　零件"RUST COVER"

步骤7　保存并关闭所有文件

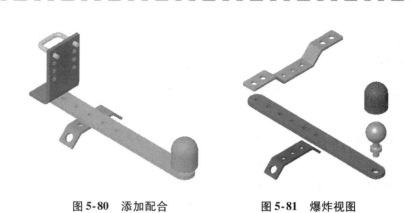

图 5-80　添加配合　　　　　　图 5-81　爆炸视图

练习 5-2　装配体配置

本练习的任务是创建装配体配置，如图 5-82 所示。

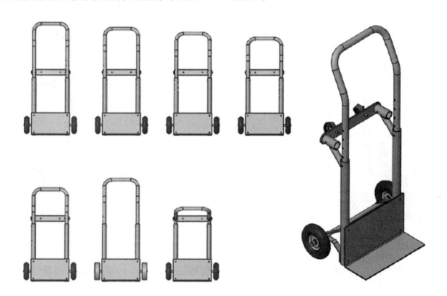

图 5-82　多配置装配体

本练习将应用以下技术：
- 使用配置零部件。
- 手动添加配置。

操作步骤

步骤 1　打开装配体　从文件夹 Lesson05 \ Exercises \ Hand Truck 中打开装配体 "Hand Truck"。该装配体是一辆手推车的实例，它包含了两个子装配体以及数个单独零部件。

配置名称	Handle_Overlap
	D1
Default	2.000in
Setting.02	2.000in
Setting.04	4.000in
Setting.06	6.000in
Setting.08	8.000in
Setting.10	10.000in

图 5-83　添加配置

步骤 2　配置尺寸　双击"Handle_Overlap"配合。在图形区域内右键单击尺寸 2in，选择【配置尺寸】。

步骤 3　添加配置　添加配置，命名为"Setting. 02""Setting. 04""Setting. 06""Setting. 08"和"Setting. 10"，尺寸分别设置为 2in、4in、6in、8in 和 10in，如图 5-83 所示。

步骤 4　检查配置（一）　分别激活每个配置，检查零部件"Handle"随着尺寸变化的移动情况。图 5-84 所示为配置"Setting. 10"。

步骤 5　手动添加配置　激活配置"Setting. 06"，在 ConfigurationManager 中右键单击零部件，选择【添加配置】，输入新的配置名"Standard"。

步骤 6　配置零部件　在配置"Standard"下使用【配置零部件】来压缩两个"Tire. Pneumatic"，如图 5-85 所示。

步骤 7　检查配置（二）　配置"Standard"如图 5-86 所示。

配置名称	Handle_Ov D1	Tire.Pneu 压缩	Tire.Pneu 压缩
Default	2.000in	☐	☐
Setting.02	2.000in	☐	☐
Setting.04	4.000in	☐	☐
Setting.06	6.000in	☐	☐
Setting.08	8.000in	☐	☐
Setting.10	10.000in	☐	☐
Standard	6.000in	☑	☑

图 5-84　配置"Setting. 10"　　　图 5-85　配置零部件　　　图 5-86　配置"Standard"

步骤 8　添加零部件　在装配体中添加"Tire. Plastic"的两个实例。把它们配合到"Axle"和"Axle. Cap"，如图 5-87 所示。

步骤 9　压缩零部件　在配置"Standard"中，压缩零部件"Mounting_Plate <1>""Caster. Assembly <1>"和"Caster. Assembly <2>"，如图 5-88 所示。

步骤 10　子装配体配置　使用【配置零部件】来选择子装配体"Leg. Support <1>"和"Leg. Support <2>"的配置"Simple"作为装配体"Standard"的配置，如图 5-89 所示。

步骤 11　添加新配置　激活配置"Setting. 06"，添加一个名为"Flatbed"的新配置。

图 5-87　添加零部件　　　　　　　　图 5-88　压缩零部件

步骤 12　压缩配合　配合可以通过配置来压缩，然后用不同的方式配合到现有零部件中。在激活的配置"Flatbed"中压缩配合"Concentric1""Coincident9"和"Handle_Overlap"。

添加新的配合使"Handle"达到如图 5-90 所示的效果。

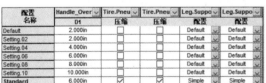

配置 名称	Handle_Over	Tire.Pneu	Tire.Pneu	Leg.Suppo	Leg.Suppo
	D1	压缩	压缩	配置	配置
Default	2.000in	☐	☐	Default	Default
Setting.02	2.000in	☐	☐	Default	Default
Setting.04	4.000in	☐	☐	Default	Default
Setting.06	6.000in	☐	☐	Default	Default
Setting.08	8.000in	☐	☐	Default	Default
Setting.10	10.000in	☐	☐	Default	Default
Standard	6.000in	☑	☑	Simple	Simple

图 5-89　子装配体配置　　　　　　　　　　　图 5-90　配置配合

提示　　　默认情况下，通过【查看配合】或"配合"文件夹来压缩配合时，仅会在激活的配置中压缩，在本示例中为"Flatbed"配合。

步骤 13　查看配置　分别激活各个配置，确保装配体达到预期效果。查看 FeatureManager 设计树，确保没有任何配合错误。

步骤 14　清理未使用的特征(可选操作)　随着对零件操作的时间推移，包括零部件和配合在内的特征会在多个配置中被压缩。最后，可能有些特征会在所有配置中被压缩。用户可以自动查找这些特征并将其删除。

右键单击顶层零部件并单击【清理未使用的特征】，配合特征"Concentric27""Concentric28"和"Coincident44"被选中，单击【确定】以删除配合。

步骤 15　保存并关闭所有文件

163

练习5-3　传感器和装配体方程式

在现有的零部件中创建传感器和方程式来控制该零部件的长度。

本练习将应用以下技术：

- 激活编辑。
- 在装配体中控制尺寸。
- 传感器。

单位：mm。

操作步骤

　　步骤1　打开装配体　打开文件夹 Lesson05 \ Exercises \ assy equations 下的装配体"assy_eq"，如图 5-91 所示。

　　步骤2　干涉检查　在所有零部件之间进行干涉检查，如图 5-92 所示。

　　步骤3　更改尺寸　将"Cross Bar"的长度改成 64mm，然后查看干涉检查，如图 5-93 所示。

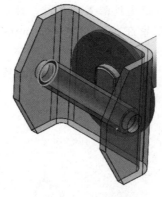

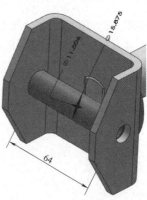

图 5-91　装配体"assy_eq"　　　图 5-92　干涉检查　　　图 5-93　更改尺寸

　　步骤4　添加参考尺寸　在模型平面之间添加参考尺寸，如图 5-94 所示。

　　步骤5　添加传感器　创建核查间隙不会低于 0.3mm 的传感器。

　　步骤6　修改长度　将"Cross Bar"的长度改为 66mm，传感器发出警报，如图 5-95 所示。尽管传感器发出警报，但是不能阻止间隙。删除传感器和尺寸。

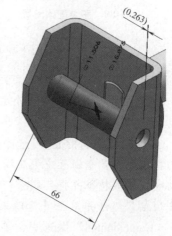

图 5-94　添加参考尺寸　　　　　图 5-95　修改长度

步骤7　编辑"Cross Bar"　编辑"Cross Bar"零件的"Base‑Extrude"特征,使其成为关联零件的模型。设计意图是要"Cross Bar"的末端和"UBracket"的内面之间有0.3mm的间距,如图5‑96所示。

步骤8　全局变量　使用全局变量确保两个间距值一直保持相等,并命名为"Clearance"。添加参考尺寸以显示该零件的长度。

步骤9　重建模型　重建模型,然后返回到【编辑装配体】模式。

步骤10　检测　通过将"UBracket"的宽度改至90mm来检测关联特征。两个零件之间不存在干涉,而且适当的间距仍然存在,如图5‑97所示。

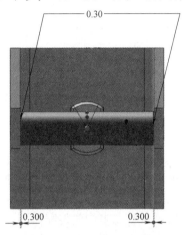

图5‑96　编辑"Cross Bar"

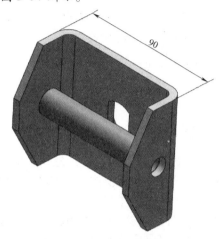

图5‑97　检测

165

步骤11　编辑配合　找到"Spindle Washer"和"UBracket"间的【重合】配合,然后将其更改为【距离】配合。设置"Spindle Washer"下面的尺寸为6mm,然后将配合重命名为"WasherGap",如图5‑98所示。

步骤12　编辑方程式　编辑方程式以驱动距离配合的值与"Cross Bar"的末端和"UBracket"内部的间距值相等。通过选择合适的尺寸来创建方程,而不要输入方程式。"D1@WasherGap"="D1@Base‑Extrude@Cross Bar<1>.Part",重建模型。现在"Spindle Washer"和"UBracket"的间隙变为0.3mm。

步骤13　检测　将"Cross Bar"和"UBracket"之间的间距改为0.2mm。重建模型,距离配合会随着更新。使用【间隙验证】测试"Cross Bar""Spindle Washer"和"UBracket"零件之间的间隙。

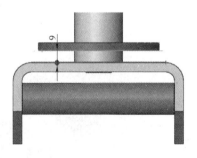

图5‑98　编辑配合

步骤14　保存并关闭所有文件

第6章　显示状态和外观

学习目标
- 理解选择零部件的方法
- 生成新的显示状态
- 修改零件与零部件的外观
- 修改布景
- 编辑材料

6.1　显示状态

相对于配置而言，【显示状态】是一个视觉上的设置。它用于在装配体环境下设置零部件的可见度、颜色、纹理、显示模式和透明度，以便可以轻松地再次访问或在工程图中使用特定的显示状态。一个显示状态往往与一个特定的配置相关联，如图 6-1 所示。

用户可以通过改变装配体的外观属性或指定零部件的显示状态来创建装配体的显示状态。零部件的每个实例都可以使用不同的显示状态。显示状态也有助于处理大型装配体文件。

6.1.1　显示状态存放位置

【显示状态】存放在 ConfigurationManager 选项卡下，并与【配置】相区分。默认情况下，显示状态和配置是连接的。在这种情况下，每一个配置至少有一个显示状态，如图 6-2 所示。相反，如果不连接，则这些显示状态由所有配置共享使用。

图 6-1　显示状态示例　　　　图 6-2　显示状态与配置

6.1.2　显示状态与配置

装配体显示状态和配置以不同的方式改变着装配体状态。显示状态用来捕获零部件外观的更改。配置通过压缩、定位和不同的配合值来创建装配体的替代版本。

显示状态提供了一种很有用的方式来控制可视属性，而不需要创建额外的配置。配置可以在同一个文件中创建多个模型修改后的副本，较好地管理文件的大小和性能，显示状态却没有此类功能。配置与显示状态的对比见表 6-1。

表 6-1　配置与显示状态的对比

配　　置	显示状态	配　　置	显示状态
压缩/还原零部件	隐藏/显示零部件	零部件的材料属性	显示状态（消除隐藏线，上色）
零部件配置	显示（纹理和颜色）	零部件定位	透明

6.1.3　显示窗格

在 FeatureManager 设计树中单击【展开显示窗格】 ❯ 可展开显示窗格，如图 6-3 所示。单击与零部件名称同行的图标可以修改其在装配体环境下的显示状态。各列显示的选项见表 6-2。

表 6-2　显示选项

选　　项	图标	描　　述
隐藏/显示	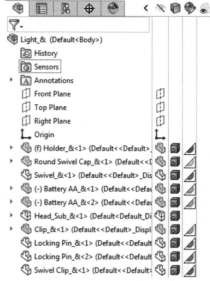	可以用来【隐藏】 或者【显示】某个零部件
显示模式		用来设置某些零部件的显示状态，可以是【线架图】、【隐藏线可见】、【消除隐藏线】、【带边线上色】、【上色】或者【默认显示】（装配体的显示状态）
外观		使用零件 RV 外观设置颜色和纹理
透明度		设置零部件的透明度为打开或者关闭

图 6-3　显示窗格

> 技巧 　可以通过显示窗格或右键单击零部件来设置这些可见度选项。无论使用哪种方式设置，都将显示在显示窗格中。

6.1.4　显示窗格中的图标

显示窗格中的图标一方面很直观地显示了当前状态，另一方面可以作为一种更改设置的方法。除了"外观"外，大多数图标都很容易被识别。"外观"图标是用一个或两个三角形来显示的，它们分别代表零件文件中的外观、零部件在装配体中的外观或覆盖，如图 6-4 所示。

> 技巧　如果只有一个（下面的）三角形，代表零件外观用作装配体外观。

在显示窗格中为零部件选择选项的一种方法是在零部件同行的图标上单击；另一种方法是在显示窗格中的零部件这一行单击右键，在弹出的快捷菜单中将会显示所有可以选择的选项，如图 6-5 所示。

> 提示　所有装配体的零部件都可以通过在顶层零部件位置单击右键，选择【顶层透明度】来设置透明。

零部件外观

零件外观

图 6-4　"外观"图标

图 6-5　显示窗格快捷菜单中的选项

6.2　主要选择工具

使用选择工具选择装配体中的零部件非常方便。特别是在大型装配体中，使用主要的选择工具非常实用。在选择零部件后，用户可以使用【隐藏】、【显示】、【压缩】或其他零部件工具。

在以下几种情况下可以使用这些选择工具，而且这些选择的结果可以通过显示状态存储起来：

1）隐藏/显示。

2）显示模式。

3）外观。

4）透明度。

知识卡片	选择工具	有多种选择工具可以智能高效地选择小型或大型零部件。
	操作步骤	• 菜单：【工具】/＜选择方法＞或【工具】/【零部件选择】/＜选择方法＞。 • 快捷菜单：在图形区域中单击右键，再单击【选择】 ⬚▾。

主要选择工具的具体内容见表 6-3。

表 6-3　主要选择工具的具体内容

方法/操作方法	描　述
直接选取：在菜单中单击【工具】/【选择】（默认选择工具）	单击鼠标左键选择，也可使用＜Ctrl＞+单击和＜Shift＞+单击
放大选项：单击【工具】/【放大选项】 🔍	使用放大镜放大装配体中的一个区域

（续）

方法/操作方法	描　　述
框选取：单击【工具】/【框选取】▭	从左到右拖动，完全位于框内的项目被选中 从右到左拖动，除了框内项目外，穿越框边界的项目也被选中
套索选取：单击【工具】/【套索选取】 ♀在拖动之前按 <T> 键以避免在初始选择时选择零部件	拖动选择一个多边形的窗口，窗口不能交叉，完全位于窗口内的零部件将被选中
在几何图形上选择：单击【工具】/【在几何图形上选择】	在模型几何图形上拖动一个框或套索，并忽略初始单击时的选择
选取所有：单击【工具】/【选取所有】	选取装配体中所有显示的零部件
选择其他：单击【工具】/【选择其他】	从光标位置的隐藏实体列表中选择几何体，还可以右键单击并隐藏面以选择实体
逆转选择：单击【工具】/【逆转选择】	取消选择初始选择的项目，并选择所有其他类似项目
卷选：单击【工具】/【零部件选择】/【卷选】	拖动选择绘制一个长方形，并使用拖动柄调整卷

（续）

方法/操作方法	描　述
选取隐藏：单击【工具】/【零部件选择】/【选取隐藏】	选取隐藏的零部件，并使之在 FeatureManager 设计树中高亮显示
选取压缩：单击【工具】/【零部件选择】/【选取压缩】	选取压缩的零部件，并使之在 FeatureManager 设计树中高亮显示
选取配合到：单击【工具】/【零部件选择】/【选取配合到】	选取配合到所选零部件的所有零部件
选取相同零部件：单击【工具】/【零部件选择】/【选择相同零部件】	选择一个零部件后，所有相同的零部件将一同被选择，默认选项匹配配置名称。用户也可以从对话框或弹出的 FeatureManager 设计树中选择零部件
选取内部零部件：单击【工具】/【零部件选择】/【选取内部零部件】	选择被其他零部件包含的所有零部件，并使之在 FeatureManager 设计树中高亮显示
按大小选择：单击【工具】/【零部件选择】/【按大小选择】	用装配体尺寸的百分比值来选择零部件，小于输入的装配体尺寸百分比的零部件将被选定。【动态选择】选项会显示动态结果
按视图选择：单击【工具】/【零部件选择】/【按视图选择】	使用标准视图来确定选择，在视图方向中可见的零部件被选中
选取 Toolbox：单击【工具】/【零部件选择】/【选取 Toolbox】	在装配体中选取所有 Toolbox 零部件
高级选择：单击【工具】/【零部件选择】/【高级选择】	根据零部件的名称、属性或封套选择零部件

170

（续）

方法/操作方法	描　述
孤立：右键单击零部件，选择【孤立】	选择用户想要显示的零部件。单击【保存为显示状态】 ▣，将显示特性保存为新的显示状态 【孤立】可以与其他选项一起使用，如【选取隐藏】、【选取压缩】和【选取配合到】
选择子装配体：右键单击某个子装配体的一个零部件并选择【选择子装配体】	在图形区域中，用户可以通过子装配体的零部件来选择这个子装配体
在【装配体】CommandManager 中单击【显示隐藏的零部件】 🎛	临时显示所有被隐藏的零部件以供选择。选择想要显示的零部件，然后单击【退出显示-隐藏】
预览隐藏：在 FeatureManager 设计树中，单击一个隐藏的零部件，选择【预览】	在 FeatureManager 设计树中选择一个隐藏的零部件，会临时显示该零部件的透明图像
选择集：右键选择一个或几个零部件，单击【保存选择】	右键选择一个或几个零部件，保存选择之后，将这些选择添加到选择集的文件夹下

（续）

方法/操作方法	描　述
过滤 FeatureManager 设计树：使用 FeatureManager 设计树顶部的过滤器	在 FeatureManager 设计树中通过名称过滤零部件。在默认情况下，图形区域中显示过滤后的零部件 1）单击【过滤图形视图】，过滤 FeatureManager 设计树和图形视图 2）单击【过滤隐藏/压缩的零部件】，显示被隐藏和被压缩的零部件
标签：使用【显示/隐藏标签对话】 ，给零部件分配标签 【显示/隐藏标签对话】在 SOLIDWORKS 窗口的右下角	在 FeatureManager 设计树中根据标签名称过滤

6.2.1 添加显示状态

在 ConfigurationManager 中任何时候都可以添加显示状态，创建的显示状态以默认数字命名，如 "Display State-4"，新的显示状态是当前显示状态的一个复制品。

知识卡片	添加显示状态	• ConfigurationManager：右键单击并选择【添加显示状态】。 • 显示窗格：右键单击并选择【添加显示状态】。 •【孤立】命令：【孤立】一个零部件，在弹出工具栏中单击【保存为显示状态】。

6.2.2 重命名显示状态

新创建的显示状态以默认名称命名，但用户可以根据需要重新命名。在装配体中这个名称必须唯一。

知识卡片	重命名显示状态	• 右键单击显示状态名称，然后选择【属性】。 • 在显示状态名称上缓慢单击两次。 • 在显示窗格中右键单击并选择【重命名树项目】。

6.2.3 复制显示状态

当添加新的显示状态时，与添加配置一样，会复制激活的显示状态。如果要复制未激活的显示状态，先选中这个显示状态，然后单击【复制】，再使用 < Ctrl + V > 键或【编辑】/【粘贴】来粘贴。

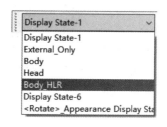

图6-6 【显示状态】工具栏

为了轻松快速地从一种显示状态切换到另一种显示状态，请考虑使用【显示状态】工具栏，如图6-6所示。

本例将使用简单的装配体检测不同的选择工具并创建不同的显示状态。在以下操作步骤中主要使用隐藏和显示。外观、透明度和零部件显示都可以用相同的方法来使用。

操作步骤

步骤1 打开装配体 从 Lesson06 \ Case Study \ Display States 文件夹中打开装配体"Light"。该装配体中有一个链接了"Default"显示状态的配置。这个显示状态使用了默认设置。

扫码看视频

步骤2 添加显示状态 在 ConfigurationManager 中单击右键并选择【添加显示状态】，将"Display State-2"重命名为"External_Only"，如图6-7所示。

步骤3 选择隐藏 单击【选择】，并选择【选取内部零部件】。四个零部件被选中，分别是"Battery AA < 1 >""Battery AA < 2 >""Miniature Bulb < 1 >"和"Reflector < 1 >"。然后单击右键选择【隐藏】，如图6-8所示。

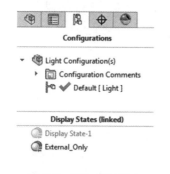

图6-7 添加显示状态

图6-8 隐藏零部件

提示

图6-8所示的剖视图用于显示选中的内部零部件。

步骤4 添加新的显示状态 双击"Display State-1"以激活，添加新的显示状态"Body"和"Head"。

提示

新的显示状态复制激活显示状态的设置。

173

步骤5　切换【显示状态】　从【显示状态】工具栏中选择显示状态"Body"，如图6-9所示。或者在这个显示状态上双击以激活。

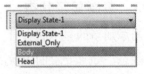

图6-9　切换显示状态

步骤6　选择子装配体　在图形区域中右键单击零部件"Head_Sub"，在快捷菜单中单击【选择子装配体】，隐藏这些零部件。从右到左拖动选中这些零部件并将其隐藏，如图6-10所示。

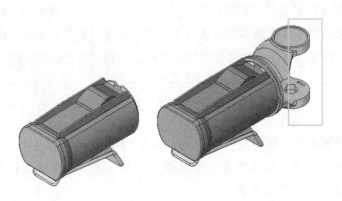

图6-10　选择子装配体并隐藏

步骤7　逆转选择　激活显示状态"Head"。在FeatureManager设计树中选中零部件"Head_Sub"，然后右键单击并选择【逆转选择】，隐藏当前被选中的零部件，如图6-11所示。

图6-11　逆转选择

被选中的隐藏零部件可以预览显示，特定的零部件会显示成透明的视图。

在FeatureManager设计树中进行选择时：

- 单击选择一个零部件。
- 按住<Ctrl>键选择多个零部件。
- 按住<Shift>键选择一列零部件。

步骤8　预览隐藏零部件　在FeatureManager设计树中，使用<Ctrl>键选择"Holder""Swivel"和"End Cover"，预览它们，如图6-12所示。

步骤9　退出预览　在预览附近的图形区域空白处单击，退出预览。

步骤 10　复制并粘贴　选中显示状态 "Body"，然后单击【编辑】/【复制】。在 ConfigurationManager 中单击，在菜单中单击【编辑】/【粘贴】。重命名新的显示状态为 "Body_HLR"，并将其激活。

步骤 11　隐藏并消除隐藏线　设置零部件 "Holder" "Clip" 和 "Switch" 为【消除隐藏线】，如图 6-13 所示。

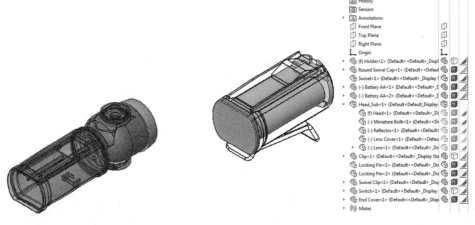

图 6-12　预览隐藏零部件　　　　　　　图 6-13　隐藏并消除隐藏线

步骤 12　检查显示状态　激活每个显示状态来检查它们。"Display State-1" 和 "External_Only" 外观相同，但 "External_Only" 的内部零件处于隐藏状态。

提示　　　在显示状态窗格中单击右键，可以添加、激活或重命名显示状态，如图 6-14 所示。从显示状态窗格中激活显示状态，用户可以在图形区域看到零件的变化。

步骤 13　保存并关闭所有文件

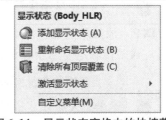

图 6-14　显示状态窗格中的快捷菜单

6.2.4　配置与显示状态

在装配体中同时使用配置和显示状态，模型可以生成多个设计变化。本节将展开对不同组合的讨论。通过【打开】对话框中的【配置】和【显示状态】选择已保存的配置和显示状态来打开装配体。

技巧　　　在【打开】对话框中不勾选【加载隐藏的部件】复选框可以加快打开装配体的速度。这是因为在打开装配体时不加载任何被隐藏的零部件，从而加快了处理速度。

操作步骤

步骤1　重新打开装配体　重新打开装配体，【显示状态】为"Display State-1"，不勾选【加载隐藏的部件】复选框，如图6-15所示。

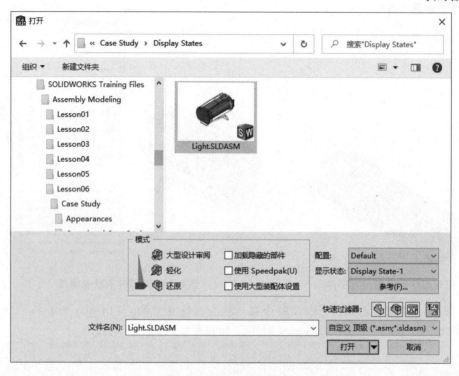

图6-15　重新打开装配体

> **提示**　取消勾选【加载隐藏的部件】复选框后，若弹出提示消息，单击【确定】。

步骤2　添加新的配置　添加新的配置并命名为"Rotate"。该配置自动创建了一个显示状态。该显示状态复制于在创建时激活的显示状态（"Display State-1"）。

> **提示**　当新配置被激活时，【显示状态（链接）】列表内仅显示与激活配置相关的显示状态。之前创建的显示状态（"External_Only""Body""Head"和"Body_HLR"）未被列出。

步骤3　压缩配合　返回到 FeatureManager 设计树，在过滤器中输入"clip"。过滤后，只显示含有这些字符的特征，如图6-16所示，压缩"Clip_Gap"配合。拖动零部件"Clip"。

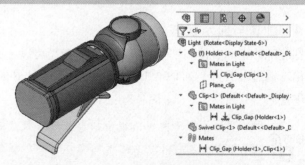

图6-16　压缩配合

6.2.5　连接显示状态

尽管【显示状态】和【配置】被分开列出，但是在默认情况下，它们通过【将显示状态连接到配置】选项连接，如图6-17所示。

● 勾选【将显示状态连接到配置】复选框，新的显示状态将被添加到当前激活的配置中，并且只有在这个配置被选中时，才出现这个显示状态。

● 取消勾选【将显示状态连接到配置】复选框，新的显示状态将被添加到所有配置中。

图6-17　【将显示状态连接到配置】选项

 提示　取消勾选【将显示状态连接到配置】复选框，使所有显示状态在每一个配置中都有效。勾选该复选框，回到默认状态。默认情况下，一个显示状态连接到一个配置中。

知识卡片　将显示状态连接到配置　　● 快捷菜单：右键单击一个显示状态，选择【属性】。

步骤4　**取消连接显示状态**　确保"Rotate"配置是被激活的。右键单击"Display State-6"，选择【属性】，取消勾选【将显示状态连接到配置】复选框。这使所有的显示状态在任何一个配置中都有效。切换到显示状态"Body_HLR"和"Body"，如图6-18所示。

提示　取消勾选该复选框后，【显示状态（链接）】标题将更改为【显示状态】，如图6-19所示。

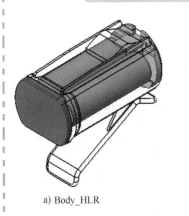

a) Body_HLR

b) Body

图6-18　取消连接显示状态

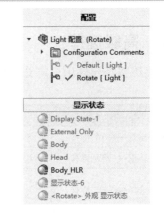

图6-19　【显示状态】标题

177

步骤5　**保存并关闭所有文件**

"覆盖"允许用户撤销对顶层装配体的子装配体零部件所做的更改。

使用【清除覆盖】 或【清除所有顶层覆盖】 ，将把子装配体的覆盖设置（不褪色）更改为默认设置（褪色），如图6-20所示。

在显示窗格中与子装配体名称同行的区域上单击右键，在弹出的快捷菜单中选择覆盖选项。

图 6-20   子装配体零部件中的覆盖

178

6.3 高级选择

高级选择允许用户定义一个或两个类别、条件和数值来选择零部件，具体参数见表6-4。

表 6-4   高级选择

类　别　1	类　别　2	条　　件	数　　值
零件质量——SW 特有	空	=，≠，<，<=，>，>=	数字
零件体积——SW 特有	空	=，≠，<，<=，>，>=	数字
封套选择——SW 特有	空	在内部，相交叉，在外部	从下拉列表中选择封套零部件
零件为内部详图——SW 特有	空	是，否	空
配置名称——SW 特有	空	是［准确］，不是，包含	文本
文件名称——SW 特有	空	是［准确］，不是，包含	文本
自定义属性	说明、零件号、数量、修订等。这些选项来自于"proper-ties. txt"文件	=，≠，<，<=，>，>=，是［准确］，不是，包含，是，否	文本

（续）

类 别 1	类 别 2	条 件	数 值
零部件状态	空	=，≠	还原，轻化，压缩，需要重建，有错，具有警告，具有失败配合，具有配合—欠定义，具有配合—完全定义，具有配合—过定义，固定
关联几何关系	具有断开的外部参考引用，具有锁定的外部参考引用	是，否	空
	由此项的关联几何关系驱动，具有驱动关联几何关系，具有零件的配合	=	
显示	空	=，≠	线架图，隐藏线可见，消除隐藏线，上色，带边线上色，默认显示，隐藏，显示，透明
文件状态	只读，写入访问，需要保存，过时	是，否	空
	带写入访问权的用户	=	
文件类型	空	=，≠	ToolBox 零件，扣件，钣金零件，焊件，焊缝，输入的几何体，模具零件

1. **组合搜索**　可以通过"和"/"或"组合多个搜索准则。
1）在搜索准则之间使用"和"组合，表示选择满足所有搜索准则的零部件。
2）在搜索准则之间使用"或"组合，表示选择满足其中任何一条搜索准则的零部件。
2. **保存搜索**　用户可以保存搜索准则，以便在其他装配体中使用。

6.4　封套

　　封套是装配体的一个特殊零部件，利用封套可以在装配体中定义不同的区域。使用封套选择零部件时，是根据装配体中的零部件与封套的相对位置来确定的。相对位置有在内部、在外部和相交叉。

　　封套零部件在上色视图模式中显示为浅蓝透明的颜色。如果用户使用装配体中现有的零部件作为封套零部件，那么这个零部件必须是实体，如图 6-21 所示。

　　因为封套选择是基于功能型装配体的零部件与封套零部件之间的干涉情况进行的。通过在零部件属性中选择【封套】或将零部件插入装配体时选择【封套】，可以从新的或现有的零部件或装配体创建封套。FeatureManager 设计树中的封套图标如图 6-22 所示。

　　封套可以用来选择零部件，也可以显示/隐藏零部件。封套的三种使用方法如下：
- 在【选择】 ▷・的下拉菜单中选择【高级选取】，可以以封套为搜索条件来选择零部件。
- 选择零部件：在 FeatureManager 设计树中右键单击封套图标，选择【封套】/【使用封套进行选择】。系统将会根据相对于封套零部件的位置来选择零部件，如图 6-23 所示。
- 显示/隐藏零部件：在 FeatureManager 设计树中右键单击封套图标，选择【封套】/【使用封套显示/隐藏】。系统将会根据相对于封套零部件的位置来显示或隐藏零部件，如图 6-24 所示。

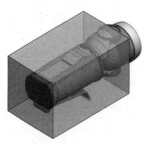

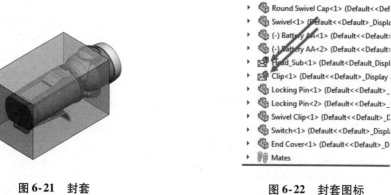

图 6-21 封套 　　　　　　　　　　　　　　图 6-22 封套图标

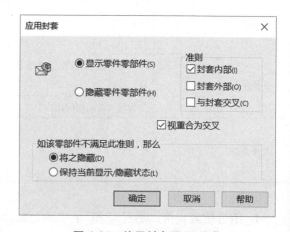

图 6-23 使用封套进行选择 　　　　　　　　图 6-24 使用封套显示/隐藏

180

封套
- 零部件属性：选择【封套】。
- PropertyManager：插入零部件时在 PropertyManager 中勾选【封套】复选框。

6.5 外观、材料和布景

【外观】和【材料】可以用来设置零部件的颜色、图像（材质）和一些力学性能。【外观】是进行一些视觉上的选项设置，而【材料】是添加一些物理特性，【布景】能更改背景。

6.5.1 外观菜单

【外观】 菜单可以用来设置零部件、面、特征、实体和零件的颜色或显示状态。当然，外观也可以通过配置来更改。

外观
- 快捷菜单：右键单击面、特征、实体或完整的零件，单击【外观】 ，然后单击要编辑的项目。
- 任务窗格：单击【外观、布景和贴图】选项卡，拖动外观到零部件。

1. 外观的应用　当一个外观被拖放到零件或装配体的一个表面时，会出现一个用来选择面、特征、实体、零件或零部件的选择栏，如图6-25所示。

> 技巧 🔑
> 如果按住＜Alt＞键并拖放外观，将显示【外观】的PropertyManager，在其中可以更改颜色、图像和显示状态。

2. 在装配体环境下的外观　在装配体环境下，零部件的外观优先于零件的外观。如果未指定零部件的外观，则使用零件的外观。

在显示窗格中，零部件颜色列在零件颜色的上面⊘。在显示窗格中也可以更改零部件或零件的颜色，如图6-26所示。

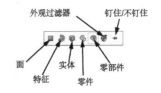

图 6-25　选择栏

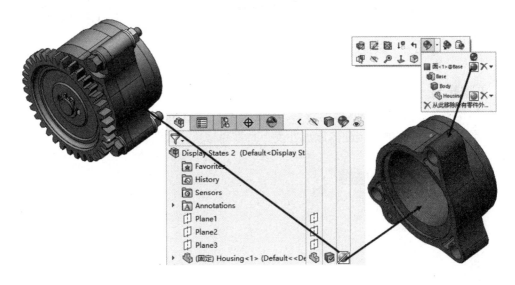

图 6-26　在装配体环境下的外观

3. 零件环境下的外观　只有在零件环境下，才能更改面、特征或实体的外观为可见。在零件环境下，根据所选择的面来更改相应的面、特征或实体的外观。在列表中将列出从上到下显示的颜色，如图6-27所示。本例中，零件"Housing"是灰色的，但是被特征颜色（橙色）和面的颜色（红色）覆盖。

4. 移除外观　在装配体层级，可以一次性从装配体和零部件中移除所有外观。右键单击顶层装配体，选择【外观】，然后选择【从＜装配体名称＞中的全部零部件移除所有外观】。对于单一零件，可以一次性去除面、特征、实体和零件的外观。它们也可以在零件级别的外观中编辑，如图6-28所示。

> 提示 👆
> 当有多实体零件时，可以使用实体颜色。

6.5.2　使用 RealView 图形

【RealView 图形】🔴需要实时高级上色的图形卡支持。它是基于硬件的动态图形，而View360是基于软件的静态图像。

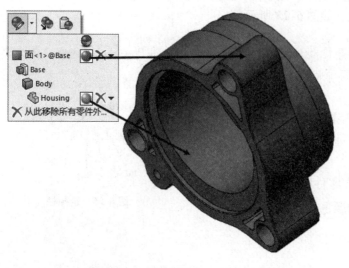

图 6-27 零件环境下的外观   图 6-28   移除外观

6.5.3 更改布景

【布景】用来更改装配体或零件的背景，包括光源，如图 6-29 所示。

本例将学习对一个简单的装配体添加外观、布景和材料，如图 6-30 所示。

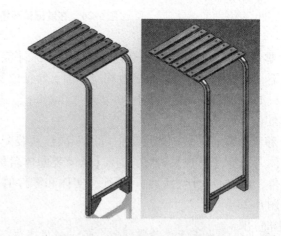

图 6-29 更改布景   图 6-30 添加外观、布景和材料

知识卡片	更改布景	• 前导视图工具栏：单击【应用布景】。
		• 任务窗格：单击【外观、布景和贴图】 选项卡，拖放一个布景到图形区域。

操作步骤

步骤1 打开装配体 打开装配体"Appearances",激活配置"RH_ Burners"。

步骤2 布景 在任务窗格中展开"布景"文件夹,然后再展开"基 扫码看视频 本布景"文件夹。拖放"背景-带顶光源的灰色"布景到图形区域。

步骤3 添加外观 展开"外观"文件夹,然后再展开"塑料"文件夹和"EDM"文件夹。

拖放"蓝色火花蚀塑料"外观到零件"side_table_shelf_for_burner1"上,如图6-31所示。选择【零件】🗔,零件被更改为与样式实例一样的外观。

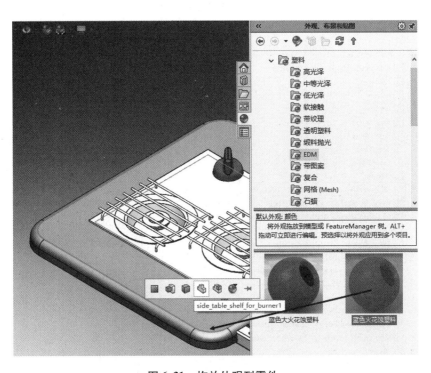

图6-31 拖放外观到零件

> 提示 如果使用【零部件】选项,将只更改零部件的外观。使用【零件】选项会影响配置,使用【零部件】选项会影响显示状态。

步骤4 拖放各金属外观 拖放图6-32所示的金属外观并使用【零件】🗔选项。

步骤5 查看显示窗格 展开显示窗格,子装配体"double_range_burner1"内部的零部件外观有了相应的更改,光标悬浮在图标上会有提示,如图6-33所示。

183

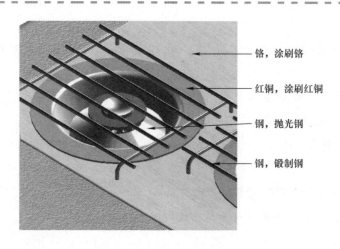

图 6-32　拖放各金属外观

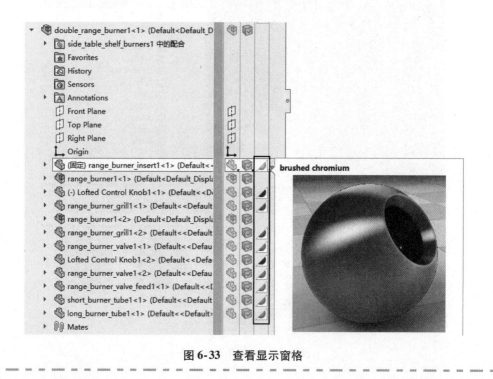

图 6-33　查看显示窗格

6.5.4　调整纹理映射

纹理外观可以通过【映射控制】来修改，使纹理与零件的面平行。这种方法也可以用于选择配置或显示状态。

 技巧 使用 < Alt > 键 + 拖放的方法从任务窗格中添加外观时会出现映射选项。

1. 映射样式　当基于零件形状进行映射样式选择时，效果最佳。尽管表 6-5 中的零件最适合使用【圆柱映射】，但为了比较，将会应用所有的样式。具体的映射样式见表 6-5。

表6-5 映射样式

样　式	图　示	样　式	图　示
框映射		曲面映射	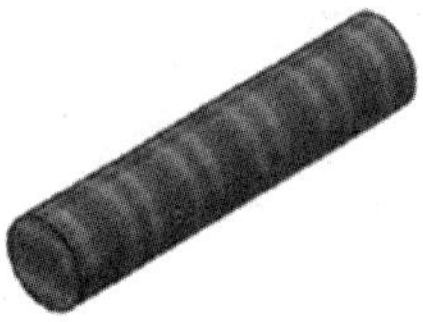
平面映射		球形映射	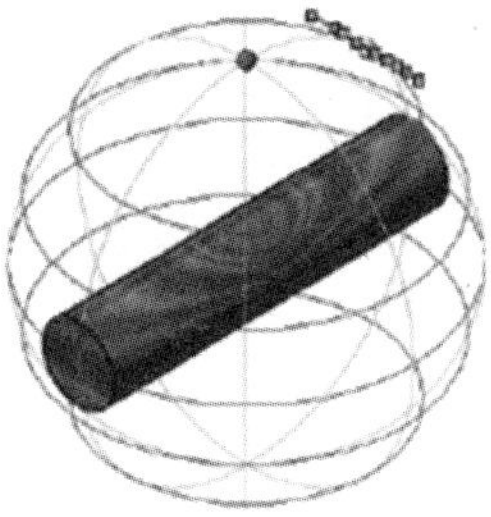
圆柱映射			

2. 轴方向 轴方向是指基于平面或当前视图设置映射方向，见表6-6。

表6-6 轴方向

轴方向	图　示	轴方向	图　示
XY	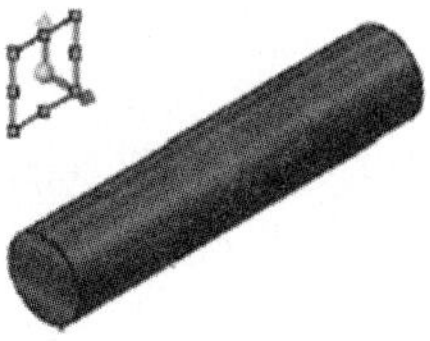	ZX	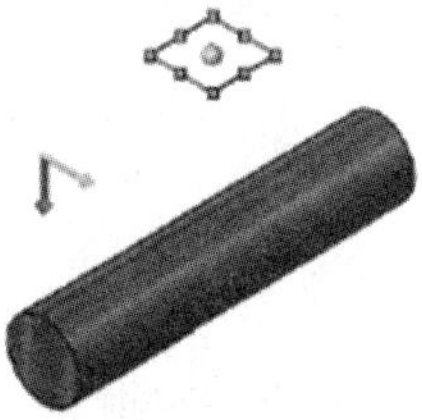
YZ	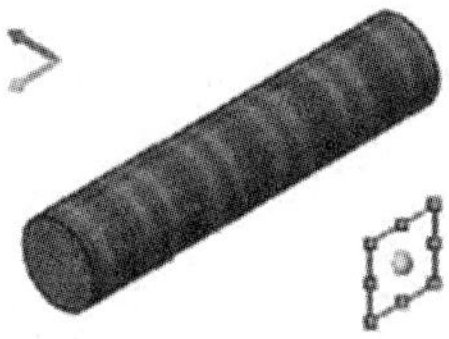	当前视图	

步骤6　**激活配置**　激活配置"Planks_Wood"。

步骤7　**添加外观**　按住＜Alt＞键，拖动外观"缎料抛光青龙木"到零件"Plank1"上，如图6-34所示。

步骤8　**应用外观**　单击选中【应用到零件文档层】，将外观应用于零件的所有实例中。在【显示状态（链接）】中选择【此显示状态】，如图6-35所示。

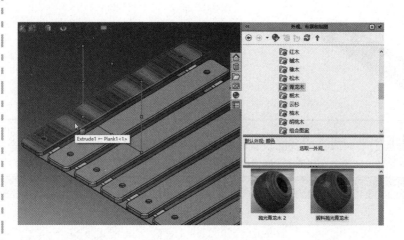

图6-34　拖放外观到零件　　　　　　　图6-35　应用外观

步骤9　**映射**　单击【映射】选项卡并进行如下设置：

- 映射样式：平面映射。
- 轴方向：ZX。
- 旋转：3.00°。
- 映射大小：大映射。

单击【确定】✓，如图6-36所示。

步骤10　**查看显示窗格**　展开显示窗格，这个外观已被应用到多个零件中，如图6-37所示。使用相同的步骤可以添加含有不同外观的显示状态。

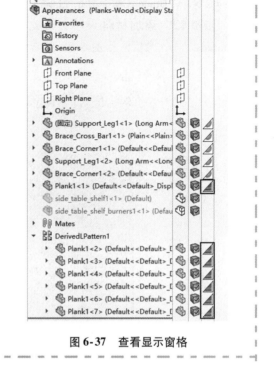

图 6-36　映射　　　　　　　　　　　　　　　　　图 6-37　查看显示窗格

6.5.5　材料

添加材料会更改零件的外观，也会给零件添加物理特性和剖面线图案。在仿真应用和正确计算质量属性时，需要应用材料。【材料】对话框用来管理材料。

每一种材料包含以下数据：

1）属性：将物理特性指派给材料。

2）外观：将颜色或纹理与所选材料相关联。

3）剖面线：定义材料的剖面线图案。

4）自定义：将非标准属性添加到材料中。

5）应用程序数据：记录有关选定材料的注释。

6）收藏：【编辑材料】或【材料】的下拉菜单中会出现常用的材料列表。在列表中可以添加或删除材料。

知识卡片	材料	● 快捷菜单：右键单击零部件，选择【材料】/【编辑材料】。 ● 菜单：单击零部件，然后选择【编辑】/【外观】/【材质】。

　　　编辑零件或装配体的【材料】，将相关联的颜色和纹理应用于一个或多个零部件。

　　　用户可以在"自定义材料"文件夹中添加材料。

187

步骤11 **选择零部件** 按住<Shift>键选择零部件"Support_Leg<1>""Support_Leg<2>""Brace_Cross_Bar<1>""Brace_Corner<1>"和"Brace_Corner<2>"。

步骤12 **添加材料** 单击右键并选择【材料】/【编辑材料】。展开"SOLIDWORKS Materials"和"钢"。如图6-38所示，选择"电镀钢"，单击【应用】和【关闭】。

图6-38 添加材料

步骤13 **保存并关闭所有文件**

练习6-1 显示状态

本练习的任务是使用所提供的装配体创建新的显示状态，如图6-39所示。

本练习将应用以下技术：

- 使用零部件配置。
- 添加显示状态。
- 复制显示状态。
- 重命名显示状态。

单位：mm。

图6-39 显示状态效果图

操作步骤

步骤1 **打开装配体** 打开文件夹Lesson06 \ Exercises \ Display States 1 中的装配体"DT&PC"。

步骤2　创建显示状态　创建表6-7中的显示状态。

表 6-7　显示状态

名称	图示	名称	图示
HLR		Trans	
HLR-No Hardware		Open	
Highlighted			

步骤3　保存并关闭所有文件

练习6-2　显示状态、外观与材料

本练习的任务是为图6-40所示的装配体添加新的显示状态、外观与材料。

本练习将应用以下技术：

- 主要选择工具。
- 添加显示状态。
- 外观、材料和布景。
- 材料。

单位：mm。

图6-40　装配体

操作步骤

步骤1　打开装配体　从 Lesson06 \ Exercises \ Display States 2 文件夹中打开已有装配体"Display States 2"。

步骤2　添加材料　添加图 6-41 所示的材料到零部件。

步骤3　添加显示状态　添加表 6-8 中的显示状态。

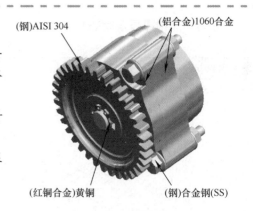

(钢)AISI 304　　(铝合金)1060合金

(红铜合金)黄铜　　(钢)合金钢(SS)

图 6-41　添加指定材料

表 6-8　显示状态

名称	图示	名称	图示
PIN_FRONT		HLR	
PIN_REAR		COLORS	
NO_HARDWARE			

步骤4　创建显示状态并应用外观　创建一个新的显示状态"TEXTURES"，并应用表6-9列出的外观。

表6-9　外观

零　部　件	外　　观
Gear，Oil Pump Driven	【金属】/【黄铜】/【涂刷黄铜】
Housing，Cover	【金属】/【铝】/【涂刷铝】

步骤5　保存并关闭所有文件

第 7 章　大型装配体

学习目标
- 使用装配体直观查看零部件属性
- 利用轻化零部件
- 创建 SpeedPak 配置
- 修改装配体结构
- 使用封套发布程序
- 利用大型设计审阅模式

7.1　概述

在大型装配体中需要一种能够减少加载和编辑零部件时间的方法。SOLIDWORKS 系统已经提供了几种不同的方法，如轻化、隐藏和压缩零部件。

本章主要讲解以下内容：

- 装配体模式。打开和装配时，有三种装配体模式可供选择：【还原】、【轻化】和【大型设计审阅】。

- 装配体直观。装配体直观工具提供了一种不同的、图形化的方式来查看装配体和零部件。

- 轻化零部件。轻化零部件通过减小打开文件的大小，使用外壳来提高文件装入的速度。这是完整零部件的一个子集。需要注意的是，一些操作只有在完全装入（还原）时才能执行。

- 大型装配体模式。大型装配体模式基于装配体具有的最少零部件数量来设置调用一组选项，包括轻化零部件。零部件数量的阈值是用户自定义的。

- SpeedPak。SpeedPak 配置通过减少装配体选中的面来减小子装配体文件的大小。

- 简化配置。使用装配体配置，用户可以创建零件、子装配体和顶层装配体的简化配置。在打开或编辑装配体时，简化的几何体可以减少加载的时间。

- 消除特征。Defeature 工具可以通过将零件或者装配体中的细节移除来简化图形，以提高性能。

- 修改装配体的结构。装配体的结构对装配体是否容易被编辑具有一定的影响。用户可以通过很多工具对装配体原有的结构进行管理和修改。

- 封套发布程序。封套发布程序可用于将参考零部件添加到子装配体中。

- 大型设计审阅。大型设计审阅（或称为 LDR）能让用户快速地打开非常大的装配体，同时仍保留一些有用的功能。

7.2　装配体模式

装配体模式的选择在管理大型装配体中起着重要作用。通过【打开】对话框可以使用【轻化】和【大型设计审阅】两种新模式，本章将对此进行详细讲解。

7.2.1　还原

【还原】或解除压缩模式是装配体中零部件的正常状态，如图 7-1 所示。

- 装配体的零部件已经完全加载到内存中。
- 在编辑时无限制。
- 到目前为止，本教程中所有打开过的装配体都是以还原模式打开的。
- 在还原模式下打开文件通常是最慢的。

图 7-1　【还原】模式

7.2.2　轻化

【轻化】模式是用于打开较大装配体的模式，如图 7-2 所示。

- 将模型的一小组数据加载到内存中。
- 在编辑时有限制。
- 图标上有"羽毛"覆盖。
- 装配体可以包含还原和轻化的零部件。
- 在轻化模式下打开文件通常比在还原模式下更快。

图 7-2　【轻化】模式

7.2.3　大型设计审阅

【大型设计审阅】或 LDR 模式是用于打开和审阅非常大的装配体的模式，如图 7-3 所示。

- 将模型有限的一小组数据加载到内存中。
- 在编辑时有限制，但其具有【编辑装配体】选项。
- 图标上有"眼睛"覆盖。
- 装配体可以包含还原和轻化的零部件。
- 在大型设计审阅模式下打开文件通常比在其他任何模式下都快。

图 7-3　【大型设计审阅】模式

7.3　装配体直观

【装配体直观】提供了一种不同的方式来显示和排列装配体中零部件的属性。该列表提供了 FeatureManager 设计树的替代方案。用户可以基于数字数据（如质量、体积或用户创建的依赖于多个数值的自定义条件）对列表进行排序，如图 7-4 所示。用户还可以按自定义属性排序并添加或删除列。

在图形区域，软件根据所排序的属性值对零部件应用颜色。这些颜色可以帮助用户可视化每个零部件属性的相对值。用户可以将带有

图 7-4　装配体直观

193

颜色的装配体保存为一个显示状态。

7.3.1　装配体直观属性

装配体直观属性包括许多常见类型和一些独特类型，但零部件中包含的任何属性都是可用的。

1. 常规属性　常规属性是在 SOLIDWORKS 产品内生成的。常规属性见表 7-1。

表 7-1　常规属性

总重量	质量	密度	体积
转换到当前版本	从 BOM 中排除	外部参考	面计数
柔性装配体	完全配合	图形 – 三角形	数量
实体计数	曲面实体计数	三角形图形总数	

2. Sustainability 属性　带有 Sustainability 前缀的属性是由【Sustainability】产品生成的。SOLIDWORKS 中的 Sustainability 属性见表 7-2。

表 7-2　Sustainability 属性

Sustainability – 空气	Sustainability – 经久耐用	Sustainability – 碳	Sustainability – 使用数量的持续时间
Sustainability – 能量	Sustainability – 制造位置	Sustainability – 制造过程	Sustainability – 材质 – 类
Sustainability – 材料特定	Sustainability – 总空气	Sustainability – 总碳	Sustainability – 总能量
Sustainability – 总水	Sustainability – 使用位置	Sustainability – 水	

 提示　这些属性大多数取决于指定给零部件的材料。

3. SW 属性　带有 SW 前缀的属性是在 SOLIDWORKS 产品内生成的。它们是基于性能和质量属性的。SOLIDWORKS 中的 SW 属性见表 7-3。

表 7-3　SW 属性

SW – 计算成本	SW – 密度	SW – 质量	SW – 材料
SW – 打开时间	SW – 重建时间	SW – 表面积	SW – 体积

 提示　这些属性也可以在【自定义列】对话框中与【使用公式】组合在一起，其结果是作为一个列被添加，如图 7-5 所示。

7.3.2　装配体直观界面元素

【装配体直观】具有一个可以控制列、属性和颜色显示的交互界面，如图 7-6 所示。

● 列：列包括【文件名称】、【数量】以及用户定义的一个或多个新增列。这些列可以按升序或降序排列。

● 数值分栏：数值分栏用来标记具有最大值的零部件。所有其他分栏的长度是按最大值（最长分栏）的百分比计算的。数值分栏可以显示或隐藏。

● 色谱分栏：色谱分栏可以用来开关颜色。

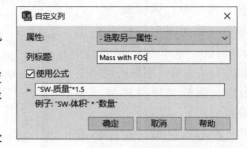

图 7-5　【自定义列】对话框

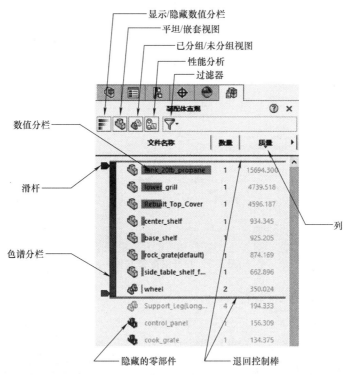

图 7-6　装配体直观界面元素

标注文字：显示/隐藏数值分栏、平坦/嵌套视图、已分组/未分组视图、性能分析、过滤器、数值分栏、滑杆、色谱分栏、列、隐藏的零部件、退回控制棒

● 滑杆：色谱分栏上的滑杆可以通过移动来改变颜色的影响。滑杆颜色可以更改，也可以添加其他滑杆。

装配体直观	● CommandManager：【评估】/【装配体直观】。 ● 菜单：【工具】/【评估】/【装配体直观】。

扫码看视频

操作步骤

步骤 1　打开装配体文件　单击【打开】，选择"LargeAssembly"文件夹中的装配体"Full_Grill_Assembly"，先不要打开。

设置【模式】为【还原】，【配置】为"Full"，【显示状态】为"DisplayState - 1"，如图 7-7 所示。单击【打开】。

 提示　【装配体直观】通过还原的零部件和真实的材料提供了最准确的结果。

步骤 2　装配体直观　单击【装配体直观】。在 ConfigurationManager 的旁边显示了一个新的选项卡。最初，零部件是按首字母顺序排列的。

步骤 3　排序　单击【质量】列的表头两次，使零部件按质量从大到小排列。按图 7-8 所示设置【显示/隐藏数值分栏】、【平坦/嵌套视图】和【已分组/未分组视图】。

步骤 4　色谱分栏　单击零部件列表左侧的色谱分栏来开关颜色。在图形区域，根据相对质量以颜色的范围显示零部件，如图 7-9 所示。

步骤 5　退回控制棒　滚动到列表的底部。将退回控制棒拖动到"cook_grate"下方的位置，如图 7-10 所示。退回控制棒下方，也就是质量相对较小的零部件都被隐藏了。

195

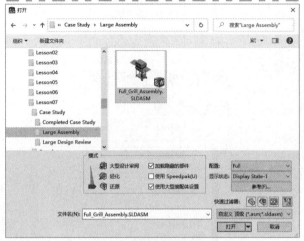

图 7-7　打开装配体文件

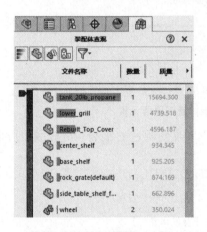

图 7-8　排序

图 7-9　模型中的色谱显示

196

图 7-10　拖动退回控制棒

提示　多个零部件实例可以通过【已分组/未分组视图】组合在一起。

7.3.3　编辑和新增列

用户可以编辑现有的列，也可以添加新列来定义列中使用的【属性】。

一些可用的属性包括：可持续性结果，SW－材料和SW－质量等计算结果，以及外部参考和完全配合等的是/否类型。

可以通过勾选【使用公式】复选框并在属性列表中添加运算符和属性来构建公式，如"SW－计算成本"＊"数量"。

步骤6　更改列　单击向右箭头▸，并选择【更多】。在打开的【自定义列】对话框中选择【完全配合】属性，如图7-11所示，单击【确定】。

步骤7　反转　单击【完全配合】列的表头反转列。没有完全配合或完全定义的零部件在此处显示为红色，如图7-12所示。

步骤8　图形－三角形　拖动以打开零部件"Rebuilt_Top_Cover"。从图形－三角形可以看出零部件的复杂程度和文件大小。

单击【更多】打开【自定义列】对话框，在其中选择属性【图形－三角形】，然后单击【确定】。从大到小进行排序，图形－三角形最多的零件显示为蓝色，如图7-13所示。

图 7-11　更改列

图 7-12　查看未完全配合的零部件

步骤9　移动滑杆　可以使用附加的滑杆来标记结果中的粗略值，使它们更容易可视化。将红色滑杆拖动到大致与【图形－三角形】列中的4000对应的零部件位置。

步骤10　添加新滑杆　在【图形－三角形】列中的2000附近对应的色谱分栏左侧单击，选择绿色，如图7-14所示，并单击【确定】。重复操作，在【图形－三角形】列中的1000附近对应的色谱分栏上添加黄色滑杆。

提示　零部件的颜色变化反映出滑杆的位置。

图 7-13　图形－三角形

197

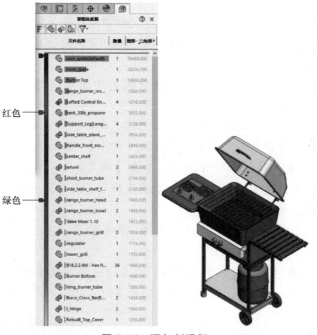

红色

绿色

图 7-14　添加新滑杆

步骤 11　打开子装配体　单击 FeatureManager 设计树。打开子装配体"Leg&Wheels"。单击【装配体直观】，添加【图形 – 三角形】列，如图 7-15 所示。这些值将用于进行对比。

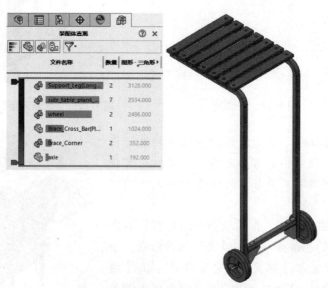

图 7-15　子装配体"Leg&Wheels"

步骤 12　显示状态　单击列表顶部的【图形 – 三角形】列旁边的向右箭头▶，选择【添加显示状态】。切换到 ConfigurationManager，将默认的名称"直观显示状态 – 1"重命名为"图形三角形直观"。

步骤 13　保存并关闭所有文件

7.4　轻化零部件

使用零部件的轻化状态是提高大型装配体性能的关键因素。因为轻化后，系统只将零部件的部分数据加载到内存中，主要是图形信息和默认的参考几何体。轻化的零部件能够进行以下操作：

1）加速装配体的工作。

2）保持完整的配合关系。

3）保持零部件的位置。

4）保持零部件的方向。

5）移动和旋转。

6）上色、隐藏线或线架图模式显示。

7）选择轻化零部件的边、面或顶点并用于配合。

8）可以执行【质量属性】或【干涉检查】。

轻化的零部件不能进行以下操作：

1）被编辑。

2）在 FeatureManager 设计树中显示轻化零部件的特征。

零部件轻化的逆操作是还原。还原的零部件是被完全加载到内存中并且是可编辑的。

7.4.1　打开轻化的零部件

有两种方式可以以轻化状态打开装配体：

1）在【打开】对话框的【模式】选项中选择【轻化】。

2）单击【工具】/【选项】/【系统选项】，在【性能】选项卡中勾选【以轻化模式加载零部件】复选框。

【检查过时轻量零部件】可以设置为三种不同的值：【不检查】、【指示】或【总是还原】。该选项控制在装配体保存后，再次更改轻化零部件的处理方式。

【解析轻量零部件】可以设置为【始终】或【提示】，如图 7-16 所示。该设置决定了当装配体中进行诸如质量属性计算等操作时，系统如何处理轻化零部件的还原。

图 7-16　性能选项

7.4.2　打开装配体后的零部件处理

装配体打开后，用户可以还原轻化的零部件。同样，还原的零部件也可以设置为轻化状态。用户可以通过以下方法改变零部件的轻化或还原状态，见表 7-4。

表 7-4　设置零部件的轻化或还原状态

设置轻化为还原	设置还原为轻化
在图形区域双击零部件，将自动设定为还原	—
右键单击零部件，从快捷菜单中选择【设定为还原】	右键单击零部件，从快捷菜单中选择【设定为轻化】
右键单击装配体的顶层零部件，选择【设定轻化为还原】。这将还原所有轻化的零部件，包括子装配体中的零件	右键单击装配体的顶层零部件，选择【设定还原为轻化】。这将轻化所有还原的零部件，包括子装配体中的零件

7.4.3 轻化状态标志

当装配体是以轻化状态打开时，所有零部件以及子装配体中的所有零件都会标记上特殊标志。在 FeatureManager 设计树中，每个轻化的零部件都会有羽毛形状的轻化标志，如图 7-17 所示。轻化零部件的 FeatureManager 设计树仅显示已加载的参考几何体，而其特征则不显示。

 提示 　【过时】的轻化零部件按照【系统选项】/【性能】中的设定将被指示出。

7.4.4 最佳打开方法

用户在处理装配体时，最好使用轻化装配体。将【系统选项】默认设置为【以轻化模式加载零部件】，这样用户可以体会到使用轻化零部件的优点。在少数情况下，用户也可能需要以还原方式打开装配体，这时只需要在【打开】对话框中选择【还原】即可。

7.4.5 零部件状态的比较

装配体中的零部件可以以四种状态（还原、轻化、压缩和隐藏）中的任何一种存在。每种状态都会影响到系统的性能，也会影响用户可以进行的操作。

图 7-17　轻化标志

 提示 　另一种配置设定请参阅 "7.7　使用 SpeedPak"。

7.5 大型装配体设置

当使用大型装配体设置打开装配体时，系统会检查该装配体并验证该装配体是否具备"大型"装配体的条件，如果具备，软件将采用适当的设置来提高大型装配体的加载速度。关键设置是以轻化模式打开装配体。

有多种方式可以以大型装配体设置打开装配体文件：

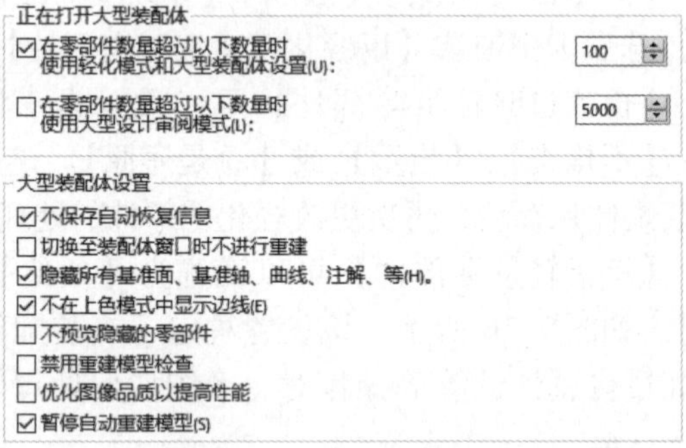

1）在【打开】对话框的【模式】选项中勾选【使用大型装配体设置】复选框。

图 7-18　大型装配体选项

2）通过更改【工具】/【系统选项】/【装配体】中的【使用轻化模式和大型装配体设置】，以打开大于阈值的装配体。

3）在打开的装配体中，通过【工具】菜单来激活【大型装配体设置】。这个方法不会将还原的零部件自动设置为轻化，但是会启用其他与大型装配体模式相匹配的选项。

在【工具】/【系统选项】/【装配体】中，用户可以设定使用大型装配体模式的零部件数量和在大型装配体模式下的选项，如图 7-18 所示。

其中的设定值将在大型装配体模式下生效。设定值包括：

1）【不保存自动恢复信息】。禁用自动保存用户的模型。

2）【隐藏所有基准面、基准轴、曲线、注解、等】。在【视图】菜单选择【隐藏所有类型】。

3)【不在上色模式中显示边线】。如果装配体的显示模式为【带边线上色】，将更改为
【上色】。

4)【暂停自动重建模型】。延缓装配体更新，这样用户可以进行多次修改，然后一次性重建
装配体。

 使用大型装配体模式是比使用轻化模式更好的选择。大型装配体模式中为打
开大型装配体时提高装入速度而添加了额外的选项，也可以通过设置其他选项，
如设定一个阈值来触发大型装配体模式。

 在【SOLIDWORKS 帮助】中搜索"大型装配体"可以查看完整的设置列表。

7.6　实例：运行大型装配体

本实例有助于探讨 SOLIDWORKS 运行大型装配体时的速度性能。

操作步骤

步骤1　设置阈值　设置大型装配体阈值为"100"，单击【确定】。

扫码看视频

提示　本节所使用的装配体文件对于显示大型装配体方法来说
已经足够大了，同时对于课堂练习来说也是足够小的。

步骤2　打开装配体　打开 Lesson 07 \ Case Study \ Large Assembly 文件夹下的"Full_
Grill_Assembly"装配体，根据装配体中零部件的数量，将自动选择【使用大型装配体设
置】。使用"Full"配置，如图 7-19 所示。单击【打开】。

图 7-19　打开装配体

提示　装配体的打开速度应该比还原模式更快。

步骤3　轻化零部件　所有零部件图标上都有一个"羽毛"图案，以表示它们的轻化
状态。没有特征列出，只有配合和面。子装配体也是类似的，包括配合和零部件。在 Fea-
tureManager 设计树中，展开零部件"Brace_Corner < 2 >"，如图 7-20 所示。

 展开零部件会加载或解析该零部件的所有实例，但展开子装配体不会加
载其中的零部件。

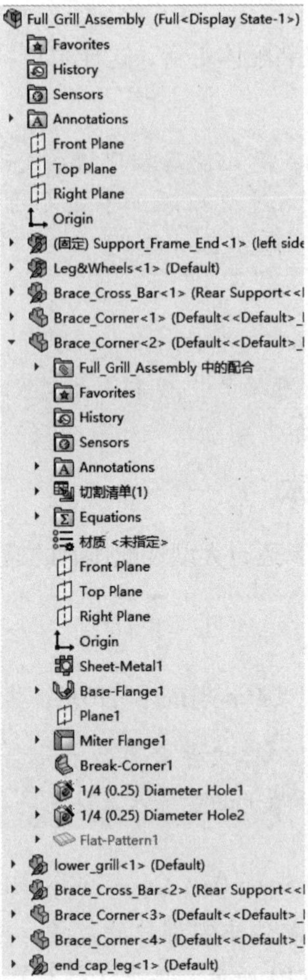

图 7-20 查看零部件

| 知识卡片 | 滚动显示所选项目 | 在大型装配体中，用户很难在图形区域中定位零部件。其中一种方法是使用【滚动显示所选项目】。当启用该选项时，用户在图形区域中选中一小部分几何体，在 FeatureManager 设计树中会高亮显示所选择的特征，并在需要时扩展多个层级。 |
| | 操作方法 | • 菜单栏：【选项】⚙️/【系统选项】/【FeatureManager】/【滚动显示所选项目】。 |

步骤 4　滚动显示所选项目　确认已勾选【滚动显示所选项目】复选框。

步骤 5　选择子装配体　右键单击零部件 "range _ burner _ insert" 并选择【选择子装配体】。从对话框列表中选择 "double _ range _ burner-1"，如图 7-21 所示。

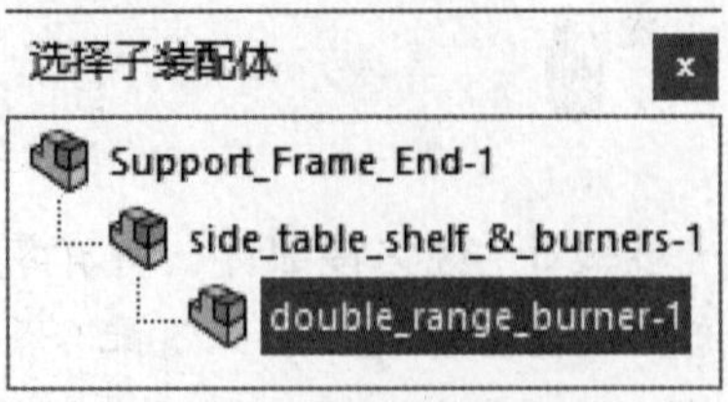

图 7-21 选择子装配体

注意到 FeatureManager 设计树已将所选项目 "double_range_burner-1" 滚动到视图中，并使其高亮显示，如图 7-22 所示。

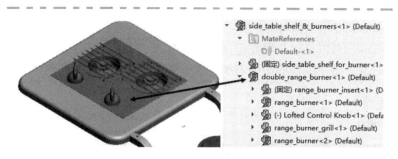

图 7-22　查看 FeatureManager 设计树

7.7　使用 SpeedPak

为了简化子装配体"double_range_burner"，下面将在装配体中使用 SpeedPak 配置来表示它。SpeedPak 配置仅加载顶层装配体所需要的主要参考。创建 SpeedPak 的方法有两种：一种是从子装配体文件的 ConfigurationManager 中创建；另外一种是从顶层装配体中创建。

提示　　如果将【工具】/【选项】/【系统选项】/【装配体】/【保存文件时更新过时的 SpeedPak 配置】设置为【具有"保存标记后重建"】，并且配置有【在保存标记后添加重建】设置时，则在保存时可更新 SpeedPak。

7.7.1　ConfigurationManager 中的 SpeedPak

在 ConfigurationManager 中，可以为一个打开的文档添加 SpeedPak。通过在装配体中选择【要包括面】或【要包括的实体】来定义 SpeedPak。所选择的项目必须满足顶层装配体配合需求。该命令的选项如下：

- 要包括的面和实体。为了减小装配体的文件大小，应只选择配合装配体时所需的面或实体。
- 要包括的参考几何体。参考几何体、草图和曲线也可以包括在 SpeedPak 中。
- 快速包括。【启用快速包括】允许用户使用滑块来定义所要选择细节的数量。
- 移除幻影。移除所有的幻影，只显示 SpeedPak 配置中活动且可用的面和实体。

203

提示　　上述选项仅在【添加 SpeedPak】对话框中可用，而在顶层装配体中使用 SpeedPak 快捷方式时不可用。

知识卡片　ConfigurationManager 中的 SpeedPak　　● 快捷菜单：右键单击 ConfigurationManager，单击【添加 SpeedPak】。

7.7.2　顶层装配体中的 SpeedPak

将子装配体配合定位到顶层装配体内以后，就可以用 SpeedPak 选项创建【配合 SpeedPak】

或者【图形 SpeedPak】。当 SpeedPak 配置创建完成时，快捷菜单内就会显示【使用 SpeedPak】选项。以下是 SpeedPak 显示的两种方法：

- 配合 SpeedPak。可以自动获取要包括在 SpeedPak 中的配合面。
- 图形 SpeedPak。创建纯粹的图形表示，而不包括任何已还原的几何体或配合参考。

知识卡片	顶层装配体中的 SpeedPak	• 快捷菜单：右键单击子装配体并选择【SpeedPak 选项】。

提示 🖐 SpeedPak 配置用 图标来标记。

步骤 6 **添加 SpeedPak** 右键单击"double_range_burner"子装配体，选择【SpeedPak 选项】/【创建配合 SpeedPak】。按照提示【重建】，如图 7-23 所示。

步骤 7 **使用 SpeedPak** 派生的 SpeedPak 配置已经创建并被使用。从子装配体中只获取当前配置加载的配合参考所需要的面。

如果配置没有被选中，右键单击子装配体，选择【SpeedPak 选项】/【使用 SpeedPak】。

步骤 8 **查看外观** 如果把光标移到模型几何体上，模型几何体为不可选状态。当光标在上面移动时，将会变成幻影，如图 7-24 所示。

SpeedPak 的幻影圆可以通过 <Alt+S> 键打开或关闭。也可以在【选项】/【系统选项】/【显示】中取消勾选【显示 SpeedPak 图形圆】复选框来关闭。

步骤 9 **保存文件**

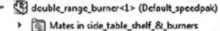

图 7-23 添加 SpeedPak

图 7-24 查看外观

7.8 使用简化配置

零部件、子装配体和顶层装配体的简化配置可以提高大型装配体的性能。移除零部件的其中一种方法是压缩零部件，还可以使用零部件的简化版本来代替零部件的完整版本。

7.8.1 压缩零部件

压缩方法是通过压缩零部件将零部件从子装配体和顶层装配体中移除。因为不加载压缩的零部件，所以提高了装配体性能。压缩一个零部件，同时也会压缩与之相关联的配合。这是提高大型装配体性能的最佳方法，但也是自动化程度较低的方法之一。

204

提示　更多关于零部件压缩、轻化和隐藏的对比信息，请参考在线帮助。

7.8.2　简化的配置

大型装配体的简化配置方法是为装配体中的零部件创建简化的配置。简化零部件配置是指压缩那些在装配体中不使用的所有细节特征，通常压缩的特征为圆角、倒角或一些小的细节特征。下面用图 7-25 所示的装配体来说明这一过程。

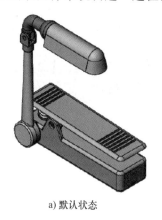
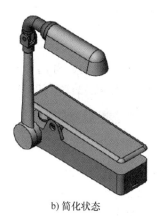

a) 默认状态　　　　　　　　　　　　b) 简化状态

图 7-25　装配体的默认与简化状态

1. 复杂的特征　该方法是在不删除用于配合的任何表面或边线的情况下，覆盖尽可能多的详细特征。

通过消除一些面或孔来减小复杂特征的文件大小。要做到这一点，一种简单的方法是拉伸草图，使其覆盖大部分几何体，如图 7-26 所示的弹簧模型。

该特征应该在派生的配置"简化_1"中解除压缩，在默认的配置中被压缩。

2. 简化　【简化】是一种通过对比单个特征和整体零件之间的大小和体积，来简化零件的实用工具。

使用用户定义的【简化因子】对特征进行比较，如果特征值低于阈值，则选择这些特征。相关的特征包括倒角、拉伸、圆角、孔和旋转。当在装配体层级使用【简化】工具时，所选特征可以被压缩，并用于创建和组织新的简化。

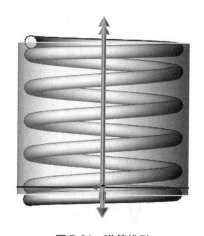

图 7-26　弹簧模型

下面将比较简化后的图形 – 三角形值。有关零件和装配体层级的配置信息，请参考"7.3 装配体直观"。

 提示　在还原模式中创建简化的配置。

知识卡片	简化	● 菜单：【工具】/【查找/修改】/【简化】。

操作步骤

步骤1　打开子装配体　打开子装配体"Leg&Wheels"，使用"Default _Display State-1"的显示状态。

扫码看视频

步骤2　简化　单击【简化】，确认【特征】的默认项为所有特征，【简化因子】为0.1，勾选【忽略影响装配体配合的特征】复选框，选择【特征参数】，单击【现在查找】。

满足条件的特征显示在列表区域，可以选择这些特征的任意组合进行压缩，如图7-27所示。

步骤3　压缩　向下滚动，勾选【生成派生配置】复选框，【名称】设置为"简化_1"。勾选【所有】复选框，如图7-28所示，单击【压缩】。

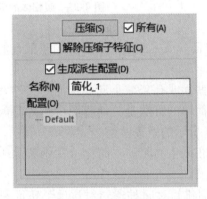

图7-27　简化特征列表　　　　　　图7-28　压缩特征

如果弹出一条有关"使用中或上次保存的配置"的消息，单击【是】。

提示　【简化】工具可以为用户完成许多配置工作，但通常需要一些手动的压缩操作。

步骤4　配置"简化_1"　关闭【简化】任务窗格并展开ConfigurationManager，展开"Default"配置以查看新的派生配置"简化_1"，如图7-29所示。

步骤5　图形-三角形　再次使用【装配体直观】和【图形-三角形】来显示一些零部件是如何被简化的。"Support_Leg"的图形-三角形值现在刚刚超过2000，减少了大约1/3，并且"side_table_plank_wood"减少得更多，如图7-30所示。请注意，并非所有零部件都会改变，这取决于零部件的几何形状。

图7-29　配置"简化_1"

　　步骤6　更改配置　返回到顶层装配体。将"Leg&Wheels"所使用的配置更改为"简化_1"，结果如图7-31所示。

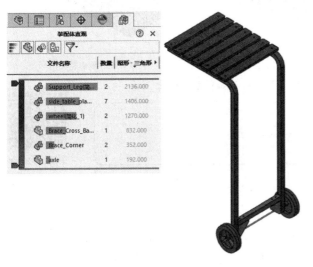

图 7-30　图形 - 三角形

图 7-31　更改配置

　　步骤7　保存并关闭所有文件

7.8.3　高级打开选项

　　在打开已有的装配体时有几个可以使用的高级选项。在【打开】对话框中，从【配置】中选择【高级】并单击【打开】。如果装配体中的零部件已经被简化，那么可以使用这种方法来创建装配体的简化配置。

　　【配置文件】对话框（见图7-32）包括以下选项：

　　1）【打开当前所选的配置】。

　　2）【显示所有参考模型的新配置】。打开装配体并还原所有零部件，并使用新配置名称保存配置。

　　3）【只显示装配体结构的新配置】。打开装配体并压缩所有零部件，并使用新配置名称保存配置。

　　4）【可能时对零件参考使用指定的配置】。选取与配置名称相对应的零部件配置（"简化"或用户自定义的）并激活。

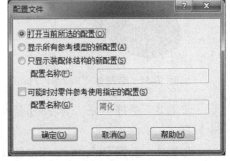

图 7-32　【配置文件】对话框

7.9　Defeature 工具

　　另外一种简化装配体零部件配置的方法是使用【Defeature】工具。用户可以使用【Defeature】工具移除零部件或装配体中的细节，并将结果保存到新文件中。文件中的细节被假定实体（即无特征定义或历史的实体）替换。该工具通常用来共享新文件，但无须显示模型的设计细节。另一个益处是，简化的模型可以通过简化图形和模型的信息来提高性能和减少重建模型的时间。新文件被赋予了质量属性，所以和原先的零部件有相同的质量和重心。使用 Defeature 工具的前后对比如图7-33所示。

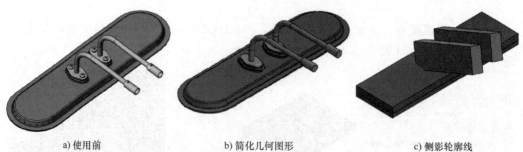

a) 使用前　　　　　　　　　b) 简化几何图形　　　　　　c) 侧影轮廓线

图 7-33　使用 Defeature 工具的前后对比

知识卡片	Defeature	• 菜单：【工具】/【Defeature】🔩。

扫码看视频

操作步骤

　　步骤 1　打开装配体　打开 Lesson07 \ Case Study \ Large Assembly 文件夹内的装配体 "Burner_Plate"，如图 7-34 所示。

　　步骤 2　Defeature 工具　单击【工具】/【Defeature】🔩。或者通过搜索命令的方式查找该命令。在【搜索命令】框中输入 "def"，单击【Defeature】🔩，如图 7-35 所示。

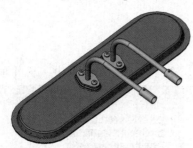

图 7-34　装配体 "Burner_Plate"

图 7-35　搜索命令

　　步骤 3　选择方法　单击【简化几何图形】🔩作为特征消除的方法，单击【下一步】➡。

　　步骤 4　设置 Defeature（步骤 1：零部件）　在【移除】选项中，勾选【所选零部件】复选框，然后从弹出式 FeatureManager 设计树中选择四个螺旋和两个垫圈，【显示】设置为【隐藏移除的零部件】，如图 7-36 所示，单击【更新】。单击【下一步】➡。

　　步骤 5　设置 Defeature（步骤 2：运动）　该装配体不需要运动，单击【下一步】➡即可。

　　步骤 6　设置 Defeature（步骤 3：保留）　选中要保留的孔或特征，特别是要保留配合的面。对于该装配体，无保留项。单击【下一步】➡。

　　步骤 7　设置 Defeature（步骤 4：移除）　移除多余的特征以进一步简化模型。比模型不需要进一步修改。单击【下一步】➡。

　　提示👉　使用前视图的【剖面视图】选项选择起来会更容易。

步骤8　移除完毕　在【结果】选项中，单击【保存为新文档】，单击【确定】✔。输入文件名称"Defeature_Burner"，单击【保存】。移除完毕的文件只有三个实体，没有可编辑的特征。只有少数的孔而没有垫圈，如图7-37所示。

装配体和零件的比较见表7-5。

图 7-36　设置 Defeature

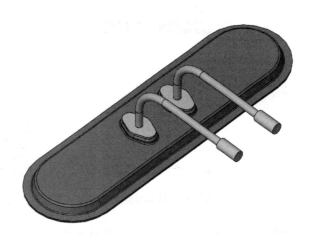

图 7-37　移除完毕

表 7-5　装配体和零件的比较

Burner_Plate. sldasm	Defeature_Burner. sldprt
八个零件	一个零件
整个装配体中有 18 个配合	零件中有 0 个配合
STL 文件中有 50000 多个三角形	STL 文件中有 10000 多个三角形

> **提示**　由于图形表现力的原因，在 STL 文件中用三角形的数量代表几何体的复杂性。这类似于装配体直观中的图形 - 三角形（零件无法使用装配体直观）。

步骤9　替换零部件　打开装配体"Full_Grill_Assembly"，隐藏"Control_Panel"子装配体。右键单击子装配体"Burner_Plate"，然后单击【替换零部件】。"Burner_Plate"子装配体会出现在【替换这些零部件】选项框中，如图7-38所示。

【使用此项替换】选择"Defeature_Burner"，勾选【重新附加配合】复选框，单击【确定】✔。

步骤10　配合的实体　【配合的实体】对话框弹出，可以通过此对话框来重新添加没有的配合。展开配合，然后为每一个配合选择替换面。需要选择圆柱面（1）、平面（2）和圆柱面（3），如图7-39所示。替换实体的三个配合后单击【确定】✔。装配体现在只包含简化的零件，降低了图形复杂性，提高了性能。

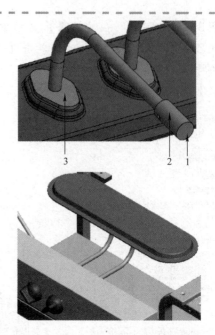

图7-38　替换零部件　　　　　　　　　　图7-39　替换实体后的烤架

步骤11　还原　右键单击顶层装配体并单击【设定轻化到还原】，这将解析还原装配体和其中的零部件。

步骤12　装配体直观　再次检查【图形-三角形】列，多个零部件的大小已经变小，如图7-40所示。顶部的两个项目，即炉排的大小并没有减小。显著减小文件大小的较好方法是在一些细节特征上添加一个块，并在简化的配置中使用，如图7-41所示。

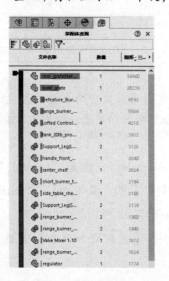

图7-40　查看装配体直观　　　　　　　　图7-41　在细节特征上添加块

步骤13　性能评估　另一种访问装配体直观和性能数据的方式是使用【性能评估】。向下滚动以查看【三角形图形】部分，如图7-42所示。

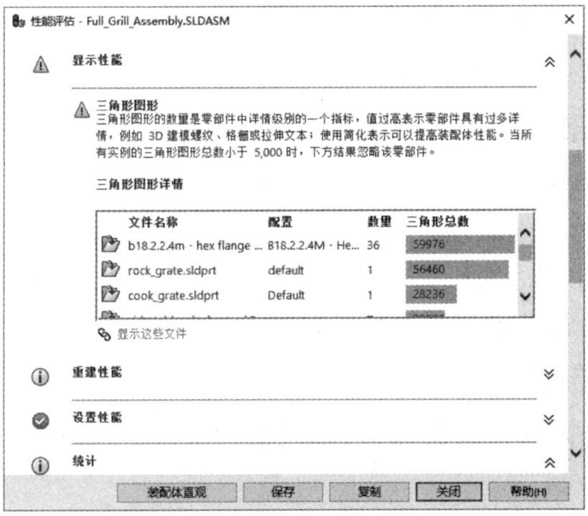

图 7-42   查看【三角形图形】

单击【显示这些文件】以查看更多的三角形总数，如图 7-43 所示。

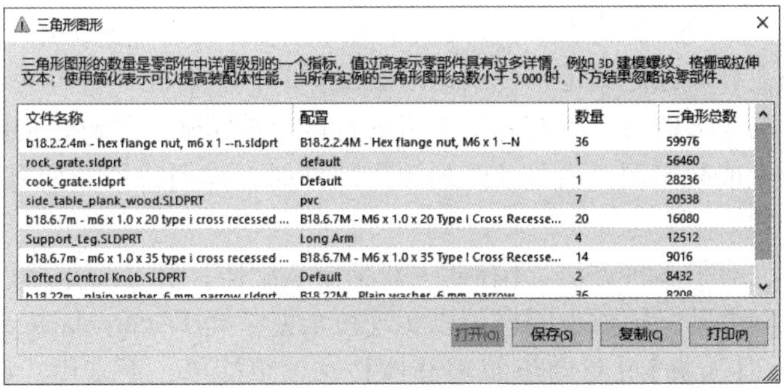

图 7-43   查看三角形总数

【装配体直观】选项可以打开装配体直观，其中添加了【三角形图形总数】、【SW – 打开时间】和【SW – 重建时间】列。

步骤 14   保存文件　保存但不关闭装配体。

7.10   修改装配体的结构

如果用户从一开始（在顶层装配体或子装配体）组建零部件就已经决定好其层次分组，就是最理想的情况了。但是计划得再好，有时候也需要更改零部件的层级。SOLIDWORKS 中有一些工具可以对装配体的结构进行修改：

- 解散子装配体。
- 选择零部件，组成新的子装配体。
- 插入一个新的、空白的子装配体。
- 拖放零部件到子装配体或者移出子装配体。
- 在装配体或者子装配体中拖动零部件以重新排序。

扫码看视频

7.10.1　解散子装配体

用户可以将一个子装配体还原为单个零部件，从而将零部件在装配体层次关系中向上移动一层。

7.10.2　使用现有的零部件组建新的装配体

用户可以在现有的主装配体中使用【在此生成新子装配体】创建一个新的装配体，新生成的装配体成为主装配体中的子装配体。若想创建新的、空白的子装配体，用户可以通过【插入】/【零部件】/【新装配体】来生成。该操作会默认生成一个顶层主装配体内部的虚拟装配体。虚拟装配体文档的保存和修改与虚拟零部件一样。

7.10.3　提级和降级零部件

零部件可以用拖放的方法从主装配体移到子装配体中，同时还可以在子装配体间或者在子装配体与顶层装配体间移动。

当重组任何一层的零部件时，参考所选择的零部件的配合关系和所有特征都会受到影响。所以开发复杂的装配体时，应该在早期就决定其层次关系分组，以尽量减小对这些项目的影响。

重组零部件时请牢记以下几点：

- 零部件的配合将移到最低层共用父零件的配合文件夹中。
- 从装配体的顶层往下移动固定的零部件到子装配体时，主装配体在空间上便可以自由浮动。
- 从子装配体向上移动固定的零部件到顶层装配体时，主装配体有可能会过定义。
- 移动相关参考的零部件后，具有外部参考的特征会被删除。此时，会弹出信息告知。
- 无法移动阵列生成的实例。当移动阵列源零部件时，阵列特征及所有的实例都会被删除。此时，会弹出信息告知。

升级或降级零部件有很多种方法。【在此生成新子装配体】和【解散装配体】命令都会迫使零部件在层级关系之间移动，拖放也同样可以实现该功能。当 FeatureManager 设计树很长，需要花很长时间去滚动时，【工具】/【重新组织零部件】选项更简单、更实用。在本例中，零部件会被拖放到现有的零部件中。

7.10.4　使用拖放来重组零部件

重组零部件的方法是在 FeatureManager 设计树中拖放零部件。可以通过按 < Ctrl > 或 < Shift > 键选择一个或多个零部件，一次性实现操作。

使用相同的方法可以将零部件拖放到子装配体中，以重新排列零部件。在装配体工程图中，系统默认使用 FeatureManager 设计树中的顺序作为 BOM 表中项目的顺序。

将零部件拖放到子装配体上时，出现【移至】⏎光标标记，零部件将被添加到目标子装配体内。当零部件被拖放到零部件上时，出现【下移】⯈光标标记，零部件将被放置在目标零部件下方。

重新排列 FeatureManager 设计树内的零部件时，为了防止其被添加到子装配体中，拖放的时候应按住 < Alt > 键，这会强制使用【下移】光标。

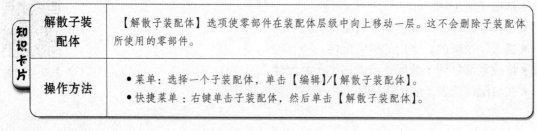

知识卡片	解散子装配体	【解散子装配体】选项使零部件在装配体层级中向上移动一层。这不会删除子装配体所使用的零部件。
	操作方法	• 菜单：选择一个子装配体，单击【编辑】/【解散子装配体】。 • 快捷菜单：右键单击子装配体，然后单击【解散子装配体】。

操作步骤

步骤 1　解散子装配体　右键单击子装配体"Upper_Cover"，单击【解散子装配体】。零部件被放置到顶层装配体中，置于 FeatureManger 设计树的相同位置。此时出现错误，如图 7-44 所示。

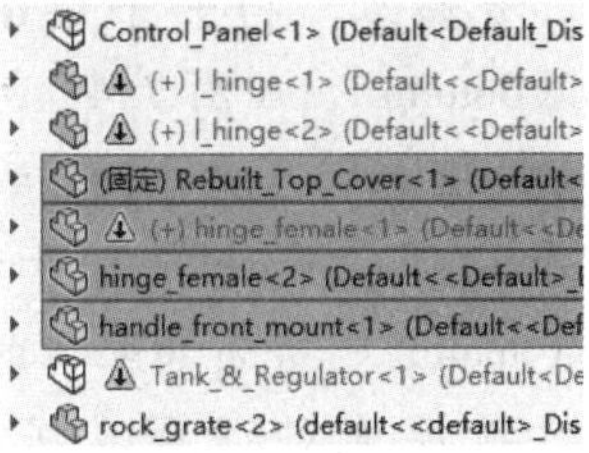

步骤 2　浮动零部件　零部件被移动到顶层装配体中后，常见的问题是固定零部件会发生错误。右键单击"Rebuilt_Top_Cover"，然后单击【浮动】/【所有配置】，该错误就会消失。

图 7-44　解散子装配体

知识卡片	生成新子装配体	【生成新子装配体】使用当前装配体中的一个或多个选定的零部件创建新装配体。
	操作步骤	• 菜单：选择一个或多个零部件，单击【插入】/【零部件】/【以［所选］零部件生成装配体】。 • 快捷菜单：右键单击一个或多个零部件，再单击【生成新子装配体】。

步骤 3　创建新子装配体　右键单击"lower_grill"，然后单击【生成新子装配体】。将新子装配体命名为"Grill_Top&Bottom"，如图 7-45 所示。

> **提示**　新的子装配体是一个虚拟子装配体，类似于虚拟零部件。它们保存在内部，但可以通过右键单击零部件并单击【保存装配体（在外部文件中）】将其保存为外部装配体。

步骤 4　拖放零部件　同时选中零部件"handle_front_mount""Rebuilt_Top_Cover""rock_grate""cook_grate""I_hinge"和"hinge_female"，拖动选中的零部件到"Grill_Top&Bottom"中，如图 7-46 所示。

213

图 7-45　创建新子装配体

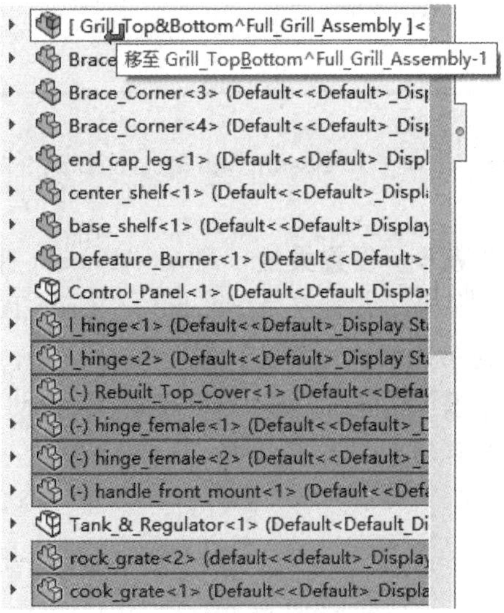

图 7-46　拖放零部件

步骤 5　打开子装配体　打开子装配体 "Grill_Top&Bottom"，如图 7-47 所示。右键单击 "lower_grill"，单击【固定】，【重建】❽装配体。零部件之间的配合允许 "Rebuilt_Top_Cover" 打开和关闭，拖动零部件 "handle_front_mount" 查看装配体的运动过程。单击【撤销】🔙，退回到原先的位置。保存并关闭子装配体 "Grill_Top&Bottom"。

🐢 Grill_Top&Bottom^Full_Grill_Asser
- 📄 注解
- 🔲 前视基准面
- 🔲 上视基准面
- 🔲 右视基准面
- 📐 原点
- ▶ 🐢 (固定) lower_grill<1> (Default<
- ▶ 🐢 l_hinge<1> (Default<<Default
- ▶ 🐢 l_hinge<2> (Default<<Default
- ▶ 🐢 (-) Rebuilt_Top_Cover<1> (De
- ▶ 🐢 (-) hinge_female<1> (Default<
- ▶ 🐢 (-) hinge_female<2> (Default<
- ▶ 🐢 (-) handle_front_mount<1> (D
- ▶ 🐢 rock_grate<1> (default<<def
- ▶ 🐢 cook_grate<1> (Default<<De
- ▶ 🔗 配合

图 7-47　打开子装配体

7.10.5　柔性子装配体

在主装配体层级中，子装配体 "Cover" 是不可移动的。子装配体添加到主装配体中后默认为刚性。它们以群组移动，零部件不能相对于彼此移动。但可以使子装配体改为柔性，这样就可以移动了。镜像或阵列之前将子装配体设置为柔性，镜像或阵列之后的实例可以与其保持一致。

知识卡片	柔性子装配体	柔性子装配体的编辑性能要比刚性的子装配体慢，所以如果没有必要，尽量选择刚性。
	操作步骤	●快捷菜单：选择子装配体，单击【柔性】🔗。 ●快捷菜单：选择子装配体，然后单击【零部件属性】▤，在【求解为】选项下，改成【刚性】或【柔性】。

技巧🔑　在 FeatureManager 设计树中，🔗图标表示子装配体为柔性。

步骤 6　设置柔性　拖动 "Rebuilt_Top_Cover"，它并不能移动。右键单击子装配体 "Grill_Top&Bottom"，单击【使子装配体为柔性】🔗。

步骤 7　拖动 "Rebuilt_Top_Cover"　拖动零部件以使其移动，如图 7-48 所示。

图 7-48　拖动零部件

7.10.6　使用文件夹

文件夹可以用来组织零部件和缩短 FeatureManager 设计树。零部件可以被拖放到文件夹中，但是却不改变装配体的结构。文件夹组织的零部件是有一定关联的，但不会组合成子装配体，可以为零件或装配体模型创建文件夹。在 FeatureManager 设计树中单击右键，然后选择【创建新文件夹】。

- **文件夹图标颜色**　文件夹图标的颜色取决于所包含零部件的压缩和显示状态（见表 7-6）。

表 7-6　文件夹图标颜色

图标	含义	图标	含义
📁	全部解析	📁	解析和压缩混合
📁	全部隐藏	📁	解析和隐藏混合
📁	全部压缩	📁	解析、隐藏和压缩混合

如果文件夹包含的零部件属于同一种状态，例如都是解析的，那么文件夹图标将显示纯色填充的颜色。如果文件夹包含的零部件混合了不同状态，例如已解析的和隐藏的状态，图标将以条纹的形式显示。

步骤 8　拖动零件到文件夹中　选中并拖动 FeatureManager 设计树下面的垫圈、螺母零件到 "Hardware" 文件夹中，已解析和轻化的文件可以移动，如图 7-49 所示。

步骤 9　移动文件夹　移动 "Hardware" 文件夹到配合文件夹上面的最后一个零部件下。文件夹被移动至 FeatureManager 设计树的最下端位置，如图 7-50 所示。

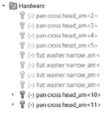

图 7-49　拖动零件到文件夹中　　　　图 7-50　移动文件夹

7.11　封套发布程序

【封套发布程序】可用于将顶层零部件添加为子装配体中的封套。这允许用户打开子装配体，并使用封套零部件作为参考，以加载较少的几何体。同一零部件可用作多个装配体中的封套。在此示例中，"Defeature_Burner" 零部件与两个子装配体（"Grill_Top&Bottom" 和 "Control_Panel"）一起使用，但它不是这两个子装配体的一部分，如图 7-51 所示。下面将使用封套发布程序将零部件添加为每个子装配体中的封套。

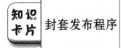 知识卡片	封套发布程序	• 菜单：【工具】/【封套发布程序】。

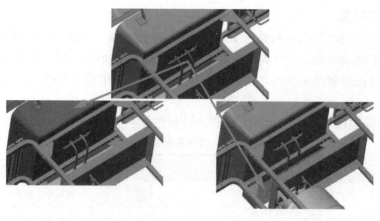

图 7-51 "Defeature_Burner" 零部件与两个子装配体

扫码看视频

操作步骤

步骤1 设置 使用封套发布程序需要特定的外部参考设置。在【工具】/【选项】/【系统选项】/【外部参考】中，勾选【允许创建模型外部参考】复选框。在【参考零部件类型】中选择【任何零部件】。在【在以下上下文中】中选择【顶层装配体】，如图 7-52 所示。

图 7-52 设置

步骤2 发布封套 单击【封套发布程序】。在【用作包络体的零部件】中选择 "Defeature_Burner"，在【目标子装配体】中选择 "Grill_Top&Bottom" 和 "Control_Panel"，如图 7-53 所示。单击【添加组】和【确定】 ✔ 。

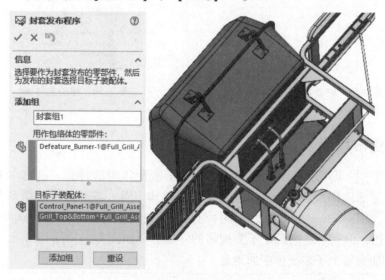

图 7-53 发布封套

步骤3 打开子装配体 打开子装配体 "Grill_Top&Bottom" 和 "Control_Panel"，"Defeature_Burner" 零部件作为一个封套零部件，是可见的透明蓝色，如图 7-54 所示。

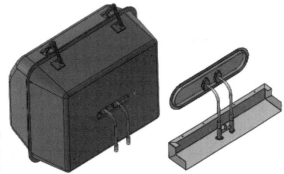

图 7-54　打开子装配体

步骤4　更改零件　封套零件几何体形状可用于指导更改，例如"lower_grill"零件中槽口的大小。在子装配体"Grill_Top&Bottom"中编辑零件"lower_grill"。编辑"Sketch11"并更改尺寸，如图 7-55 所示。检查"lower_grill"和"Defeature_Burner"之间的干涉。

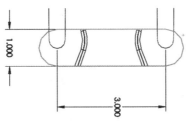

图 7-55　更改零件"lower_grill"

步骤5　保存并关闭所有文件

7.12　大型设计审阅

大型设计审阅能快速地打开非常大的装配体，同时仍保留在进行装配体设计审阅时有用的各项功能。使用大型设计审阅模式打开装配体时，用户可以：

- 导览 FeatureManager 设计树。
- 测量距离。
- 生成横断面。
- 隐藏和显示零部件。
- 生成、编辑和播放走查。
- 生成带有评论的快照。
- 选择性打开零部件。

扫码看视频

提示　大型设计审阅是一种快速查看的模式，除非用户使用了【编辑装配体】模式。

| 知识卡片 | 大型设计审阅 | • 【打开】对话框：在【模式】中选择【大型设计审阅】。
• CommandManager：在【大型设计审阅】选项卡中有很多与大型设计审阅相关的功能。 |

操作步骤

步骤1　打开装配体　单击【打开】 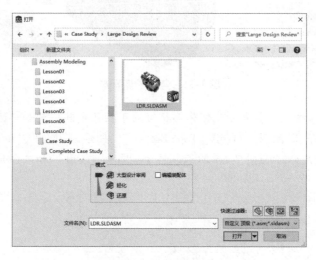，选择文件夹"Large Design Review"中的装配体"LDR"，但暂时不要打开。在【模式】中选择【大型设计审阅】，再单击【打开】，如图7-56所示。如果弹出消息提示大型设计审阅可用的功能，单击【确定】。

图7-56　打开装配体

步骤2　预览环境　简化的FeatureManager设计树中显示的零部件不会带有任何细节，包括原点、平面和特征。零部件的图标带有"眼睛"的角标，如图7-57所示。

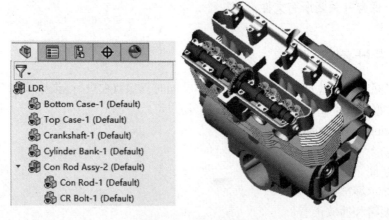

图7-57　预览环境

步骤3　查看CommandManager　CommandManager中只有【大型设计审阅】一个选项卡，如图7-58所示。它可以用于在装配体中预览、转换和打开任务。

步骤4　剖视图　单击【剖面视图】，更改为YZ平面，单击【确定】。通过剖视图可以看到发动机的内部，如图7-59所示。

步骤5　拍快照　单击【拍快照】，将其命名为"Section"，单击【确定】。

图 7-58　查看 CommandManager

图 7-59　剖视图

提示 　由于配置和显示状态在大型设计审阅中不可用，因而需要使用拍快照功能。

步骤6　查看评论　切换到 DisplayManager 并右键单击"Section"快照，选择【评论】。输入"这是发动机内部快照"，单击【保存并关闭】。

步骤7　查看 DisplayManager　切换到 DisplayManager，展开"快照"，将光标移至"Section"处可以查看评论，如图 7-60 所示。

提示　【首页】快照是无法更改的，它用于返回到初始的显示状态。

图 7-60　查看 DisplayManager

步骤8　【首页】快照　双击【首页】以显示快照。剖视图状态被关闭，图形区域会显示整个装配体。

步骤9　测量　单击【测量】，会弹出信息，提示大型设计审阅中所报告的测量是近似值。为了确保测量精确，必须将零部件还原。单击【确定】。

单击【中心到中心】和【显示 XYZ 测量】。选择圆柱面，测量"Camshaft"和"Head"之间的距离，如图 7-61 所示。

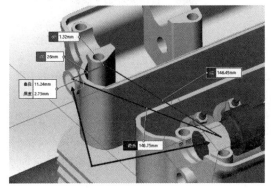

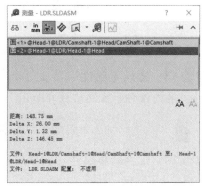

图 7-61　测量

7.12.1 编辑装配体模式

当在【大型设计审阅】中使用【编辑装配体】模式时，可以看到更多的几何体和配合，并可以执行一些编辑功能，包括：

- 拖动零部件。
- 插入新零部件。
- 添加配合。
- 创建和编辑线性/圆周零部件阵列。
- 压缩顶层零部件。
- 删除顶层零部件。

> 提示 为了能够完全访问并编辑装配体，必须将零部件还原。

> 知识 卡片
>
> 编辑装配体
>
> - 【打开】对话框：勾选【编辑装配体】复选框。
> - 快捷菜单：右键单击顶层零部件，并单击【编辑装配体】。

步骤 10　编辑装配体　右键单击顶层零部件 "LDR"，然后单击【编辑装配体】。

步骤 11　拖动零部件　拖动 "Top Case" 并旋转至图 7-62 所示位置。该零部件缺少一个配合关系。

步骤 12　配合已有的零部件　在零部件 "Top Case" 和 "Bottom Case" 对应的平面之间添加重合配合，如图 7-63 所示。单击【确定】。

图 7-62　拖动零部件　　　　　　图 7-63　配合已有的零部件

步骤 13　插入零部件　单击【插入零部件】，并选择装配体 "Camshaft"，单击【打开】，单击以将子装配体放在如图 7-64 所示的位置。

> 提示 零部件和装配体都可以被插入到顶层装配体中。

步骤 14　配合新零部件　在零部件 "Head" 和 "Camshaft" 之间添加同心和重合配合，如图 7-65 所示。转动零部件。

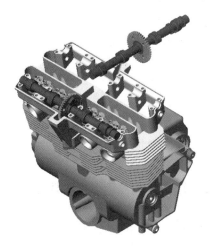

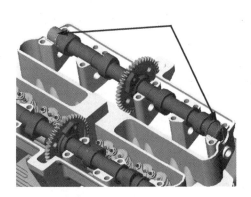

图 7-64　插入零部件　　　　　　　　　　图 7-65　配合新零部件

步骤 15　删除零部件　在 FeatureManager 设计树中选择子装配体"Sump"，并按键盘上的 < Delete > 键，单击【是】以删除零部件和配合，如图 7-66 所示。

图 7-66　删除零部件

> **提示**　只有顶层的零部件和装配体可以被删除。

221

步骤 16　以另一种模式打开零部件　用户可以从大型设计审阅中以任何模式打开零部件。右键单击 FeatureManager 设计树中的"Camshaft"，然后单击【打开】/【轻化】，如图 7-67 所示。

步骤 17　保存　保存并重建装配体。文件将继续保持在大型设计审阅模式中。

图 7-67　以另一种模式打开零部件

7.12.2　选择性打开

在大型设计审阅模式下使用【选择性打开】工具，可以指定在转换为还原或轻化模式时加载哪些零部件。未选中的零部件仍然是隐藏状态，并且也不会被加载到内存中。

在本例中，将会把装配体的一部分转换为轻化模式。

知识卡片	选择性打开/以轻化选择性打开	• CommandManager：【大型设计审阅】/【选择性打开】▧或【以轻化选择性打开】▧。

步骤18　选择性打开　单击【以轻化选择性打开】▧。在对话框中选择【所选零部件】，如图7-68所示。

步骤19　选择零部件　选中图7-69所示的零部件（从左下方到右上方进行框选），并单击【打开选定选项】。

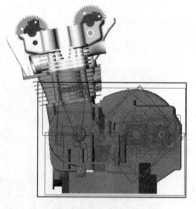

图7-68　选择性打开

图7-69　选择零部件

步骤20　提示信息　在有关未加载隐藏零部件的提示信息中，单击【确定】。选择性打开的装配体如图7-70所示。

* 装配体不再在大型设计审阅模式中。
* 可见的零部件被轻化加载。
* 隐藏的零部件没有被加载。
* CommandManager恢复到了默认的装配体设置。
* 所选的零部件是可见的，并且是被轻化打开的。

步骤21　保存并关闭所有文件

图7-70　选择性打开的装配体

7.12.3　模式和方法的对比

本章讨论了几种不同的模式和方法。每种方法都是在特定的环境下最适合使用的。但总体来说，虽然这些简化的方法需要很多的准备工作，却是最佳的选择。各种模式和方法的对比见表7-7。

表7-7　各种模式和方法的对比

项目	模式和方法				
	还原（默认）	轻化	基于配置的		大型设计审阅
			SpeedPak	轻化	
打开速度	最慢	快	快	快	最快
可编辑	完全	限制	限制	全部	限制
难易度	简单	简单	需要准备工作	需要准备工作	简单
整体评价	适合编辑	适合快速打开	适合子装配体	适合全部	适合查看

7.13　创建快速装配体的技巧

无论装配体多大，总有一些最佳操作方法可以使用户创建高效和快速的装配体。所谓快速，是指文件的打开速度和编辑速度，这两方面的因素都会影响 SOLIDWORKS 工作所花费的总时间。

1）本地工作。在网络环境下打开和保存文件要慢于本地操作。复制文件到本地，更改内容后再复制文件到网络端，这样速度更快。

2）修复错误和警告。保持装配体中没有零部件及配合的错误和警告。错误和警告会减慢装配体的打开速度。

3）使用大型装配体模式和轻化模式。单独或一起使用这些模式，可以改善打开、重建和关闭模型的时间。

4）使用大型设计审阅。大型设计审阅是非常有效的方法，它仅加载显示数据。

5）使用 SpeedPak。创建 SpeedPak 配置仅加载装配体顶层信息，对于外购的零部件尤其有用。

6）关联特征。限制使用关联特征。关联特征及其子特征在装配体改变时必须更新。它们比自上而下的零部件更耗费资源。

7）使用【暂停自动重建模型】。启用此选项，关联零件将不会自动更新，可以多个变化一起更新。

8）使用子装配体。在装配体中，应该使用子装配体代替多个零件，如图7-71 所示。优势有以下几点：

● 适合多用户设计环境。设计团队的成员可在同一时间操作不同的子装配体。

● 子装配体便于编辑。子装配体可在独立的窗口中打开，与主装配体相比更小、更简单。

● 简化顶层装配体的配合关系。把多数的配合放置在子装配体中可以加快顶层装配体的计算速度。

● 子装配体便于重复使用。由零件组成的子装配体更易用于其他装配体。

● 柔性子装配体将使用更多资源来解析，应限制它们的使用。

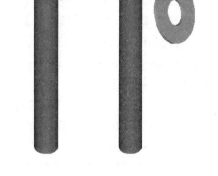

图 7-71　使用子装配体

9）使用零部件阵列。在零件和装配体环境下使用阵列能够节省编辑时间，并减少需要解出配合的数量，如图7-72 所示。

10）使用配置。在装配体和子装配体中使用配置，可以创建产品的不同版本，如图7-73 所

223

示。不同版本之间的零部件数量可能不同，零部件的显示状态也可能不同，也可以允许某个零部件使用不同的配置。装配体可以包含零部件简化的配置，选择某个配置将选择该配置中包含的所有零部件的配置。

11）显示状态。只有零部件外观出现变化时不需要使用配置，仅使用显示状态即可。

12）封套发布程序。使用封套发布程序打开子装配体以及顶层装配体中的某些零部件以进行编辑。其类似于显示状态，但仅加载所需的零部件。

图 7-72　使用零部件阵列

图 7-73　使用配置

13）轻化零部件。轻化零部件会提高装配体的性能。这是因为对于轻化的零部件，只有一部分模型数据被装入内存，其他的模型数据将在需要的时候装入。需要说明的一点是，装配体越大，轻化零部件对性能提升的效果越明显。

14）保存文件为最新版本。确保在 SOLIDWORKS 的最新版本中保存所有零件。打开和重建软件早期版本的保存文件时较慢。

> 提示
> 为了自动将文件更新到最新版本，请考虑使用 Task Manager 工具。

7.13.1　外观和视图

用户可以关闭或更改许多图形外观和符号。缩放、滚动和其他视图操作应该受到一定的限制。

1）隐藏类型。使用【观阅】/【隐藏所有类型】可以隐藏基准面、基准轴和原点等。

2）外观增强。增加阴影图像真实感的选项，包括 RealView 图形、上色模式中的阴影、环境封闭、透视和卡通，可以在需要时关闭。

3）DisplayManager。DisplayManager 可以用来控制显示模式、透明度和外观。

4）外观、布景和贴图。应避免使用外观、布景和贴图等附加项目，以提高速度。

5）压缩不必要的细节。如果零部件的细节特征在装配体中并不重要，用户可以建立一个配置并压缩这些细节特征以代表零部件的简化状态，如图 7-74 所示。放样、扫描、螺旋和拉伸草图文本，通常会使模型变得复杂。

通过比较得知，一个含有完整螺纹的文件比没

图 7-74　压缩不必要的细节

有完整螺纹的文件大 100 倍，一个含有旋转螺纹的文件比含非旋转螺纹的文件大 30 倍，如图 7-75 所示。

图 7-75　文件比较

圆角和倒角都是一种很容易识别的特征，通常设为压缩状态，如图 7-76 所示。

图 7-76　压缩圆角和倒角

提示　不要对配合和查看干涉必需的特征进行压缩。

6）命名视图。使用【新视图】来创建命名的视图，并且在工作时减少不必要的缩放和平移，如图 7-77 所示。

7.13.2　设置选项

以下选项会影响装配体的性能：

• 【文档属性】/【图像品质】。这些设置会影响装配体的性能。模型的图像品质越低，性能越高。

• 【系统选项】/【性能】/【细节层次】。拖动滑块至"关"，或者从"更多（较慢）"拖至"更少（较快）"来指定装配体、多实体零件以及工程图中的动态视图操作过程（缩放、平移及旋转）的细节层次。

图 7-77　命名视图

• 【系统选项】/【颜色】/【背景外观】。使用【素色】，静态，【视区背景】。

• 【系统选项】/【显示】/【关联编辑中的装配体透明度】。设置为【不透明装配体】。

• 【系统选项】/【颜色】/【当在装配体中编辑零件时使用指定的颜色】。勾选此复选框。

• 【系统选项】/【颜色】/【颜色方案设置】。为【装配体，编辑零件】和【装配体，非编辑零件】设置两种截然不同的颜色。

• 【系统选项】/【显示】/【图形视区中动态高亮显示】和【FeatureManager】/【动态高亮显示】。取消勾选以限制高亮显示。

- 【系统选项】/【性能】/【重建模型检查】。打开此选项时，在创建和编辑特征的过程中，软件会执行更多的错误检查。当需要提高性能时请关闭此选项。
- 【系统选项】/【性能】/【透明度】/【正常视图模式高品质】和【动态视图模式高品质】。两项都取消勾选。
- 【系统选项】/【外部参考】/【仅加载内存中的文档】。勾选此复选框。
- 【系统选项】/【FeatureManager】/【启用隐藏零部件的预览】。取消勾选。
- 【系统选项】/【视图】/【过渡】/【视图过渡】和【隐藏/显示零部件】。将两项都设置为关，以消除过渡图像的显示。

7.13.3　配合方面的考虑

所有装配体中都需要配合关系来限制零部件的运动。下面说明在创建配合时应该考虑的内容。

1. 最小化顶层配合　避免在顶层装配体中有太多的配合关系。

2. 避免多余的配合　可以添加配合到没有被定义的零部件中，应避免多余的配合（而不是冲突），以减少计算。如图 7-78 所示的两个垂直配合都是多余的。

3. 考虑压缩的零部件　应避免选择有可能在其他配置中压缩的几何体，使用零部件的简化配置创建配合关系。

例如，选择图 7-79 所示的高亮圆柱面创建配合。在简化配置中压缩该特征将导致装配体配合错误，如图 7-80 所示。

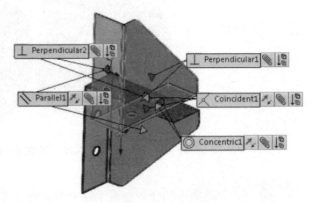

图 7-78　多余的配合

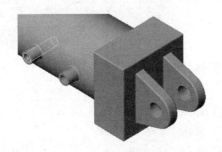

图 7-79　配合实体的选择

图 7-80　简化配置与配合错误

4. 避免配合装配体几何体　避免配合到阵列实例和装配体特征，它们将在配合之后才被解析，这会使用更多的资源。

5. 防止 Toolbox 紧固件旋转　使用【锁定旋转】可以避免多余的 Toolbox 螺钉、垫圈、螺母和其他扣件的问题。

6. 方程式　应限制方程式的使用，因为它们会增加求解的时间。

7.13.4　绘制工程图方面的考虑

大型装配体的工程图处理更具挑战性。在工程图中，打开和装入装配体的零部件有着同样的问题。最佳的解决方案是使用【轻化工程图】。轻化工程图无须将隐藏的模型装入内存，这就意味着减少了装入的时间。另外，某些操作，例如手动标注尺寸和添加注解等也可在不装入模型的情况下进行，如图 7-81 所示。

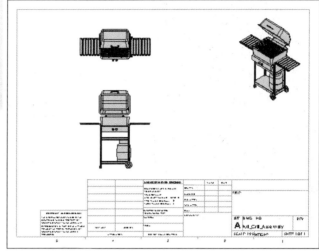

图 7-81 轻化工程图

练习 7-1 大型装配体和大型设计审阅

本练习的任务是为图 7-82 所示的装配体创建一些显示状态和 SpeedPak 配置，以及使用大型装配体模式和大型设计审阅模式打开装配体。

本练习将应用以下技术：

- 使用主要选择工具。
- 轻化零部件。
- 大型装配体模式。
- 使用 SpeedPak。
- 大型设计审阅。

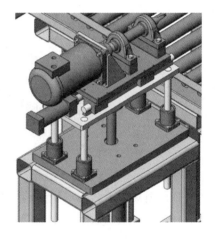

图 7-82 装配体

操作步骤

步骤 1 打开装配体 打开 Lesson07 \ Exercises \ Large_Assembly 文件夹下的"Large"装配体。

步骤 2 添加显示状态 创建以下显示状态，使用【选取 Toolbox】、【直接选择】、【孤立】、【逆转选择】、【显示隐藏零部件】和其他选择技术来隐藏和显示零部件。

> 提示：除"Display State-1"以外，所有显示状态都将隐藏扣件。

1）创建显示状态"No _ Fastener"。创建一个显示状态并隐藏装配体中的所有扣件零部件，如图 7-83 所示。

2）创建显示状态"Center"。创建一个显示状态来显示图 7-84 所示的零部件。

3）创建显示状态"Press"。创建一个显示状态来只显示图 7-85 所示的零部件。

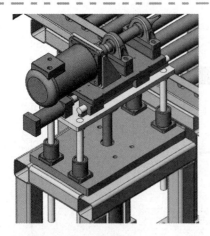

图 7-83　创建显示状态"No _ Fastener"

图 7-84　创建显示状态"Center"

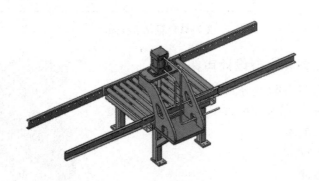

图 7-85　创建显示状态"Press"

4）创建显示状态"Upper"。创建一个显示状态来显示图 7-86 所示的零部件。

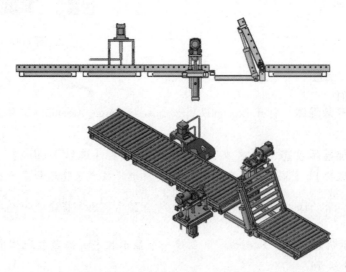

图 7-86　创建显示状态"Upper"

5）创建显示状态"Lower"。创建一个显示状态来显示图 7-87 所示的零部件。

步骤3 测试显示状态 测试所有的显示状态，激活"Display State-1"显示状态。

步骤4 添加 SpeedPak 为子装配体"conveyor"的所有实例创建图形 SpeedPak，如图 7-88 所示。

图 7-87 创建显示状态"**Lower**"

步骤5 保存并关闭所有文件

步骤6 以大型装配体设置打开 在【大型装配体设置】和"No_Fastener"显示状态下轻化打开装配体"Large"。

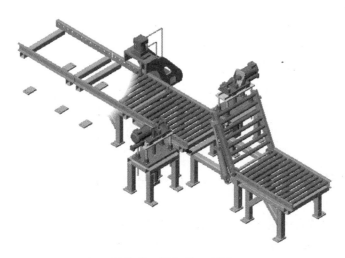

图 7-88 添加 SpeedPak

步骤7 还原零部件 设置所有轻化零部件到还原。

步骤8 修改配置 选中所有的"conveyor"零部件，并将它们的配置从"Default_speedpak"改回到"Default"。

步骤9 保存并关闭所有文件

步骤10 以大型设计审阅模式打开 使用【大型设计审阅】模式打开"Large_Assembly"文件夹中的装配体"Large"。文件使用最后保存的配置和显示状态。

步骤11 使用工具 使用【剖面视图】和【测量】工具测量两个面之间的距离，如图 7-89 所示。

步骤12 保存并关闭所有文件

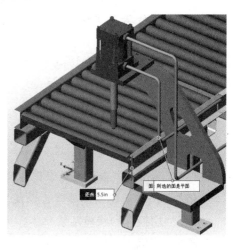

图 7-89 测量距离

229

练习7-2 使用子装配体

本练习的任务是解散子装配体和添加新装配体，以更改已有装配体的结构，如图 7-90 所示。

本练习将应用以下技术：

- 解散子装配体。
- 修改装配体结构。
- 提级和降级零部件。
- 柔性子装配体。

单位：in。

图 7-90　使用子装配体

步骤1　打开子装配体　从文件夹 Lesson 07 \ Exercises \ Subassemblies 中打开子装配体 "lab_pro_dem"。

步骤2　解散子装配体　解散子装配体 "bad_sub"，该子装配体的零部件被提升为主装配体的零部件，该子装配体已经不存在。

步骤3　创建子装配体　创建子装配体，包含以下零部件：

- Main Body < 1 >。
- Finger Grip < 1 >。
- Nozzle < 1 >。
- Nozzle < 2 >。

步骤4　修改子装配体　在另一个窗口打开该子装配体，固定 "Main body" 以定义该子装配体的位置。

对装配体内部的零部件进行重新排序，以便将 "Main body" 放在 FeatureManager 设计树的第一行。注意，FeatureManager 设计树中的零部件顺序决定了其在 BOM 表中的默认顺序。保存并关闭子装配体，返回到顶层装配体。

步骤5　重命名子装配体　将子装配体命名为 "Sub_body"。

步骤6　创建子装配体　创建另一个新子装配体（见图 7-91），并包含以下零部件：

- Pull Ring < 1 >。
- Plunger < 1 >。
- End Cap < 1 >。

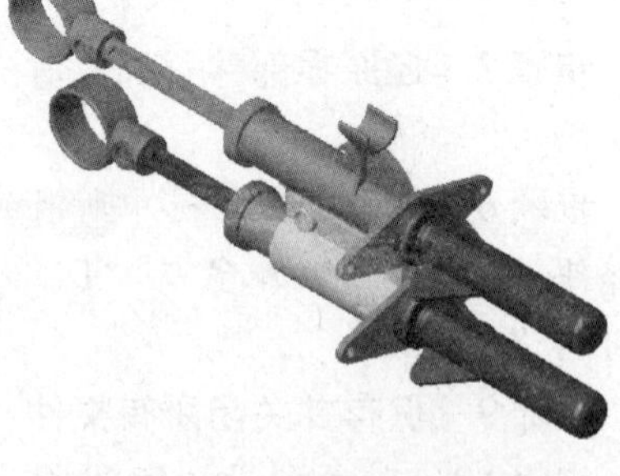

图 7-91　创建子装配体

固定 "End Cap" 来定义该装配体的位置。

如有需要，重新排列零部件，以便 "End Cap" 位于 FeatureManager 设计树的第一行。

步骤7　切换　切换回总装配体，命名子装配体为 "Sub_trigger"。

步骤8　测试　打开 "Sub_trigger"，使用动态装配体运动测试子装配体的运动情况，如图 7-92 所示。可以拖动 "Pull Ring" 从 "End Cap" 中穿进穿出。

步骤9　删除零部件　切换到主装配体，删除以下零部件，结果如图 7-93 所示。

- Pull Ring < 2 >。
- Plunger < 2 >。
- End Cap < 2 >。

步骤 10　设置柔性　设置"Sub_trigger"子装配体为柔性，拖动以测试运动。

步骤 11　阵列　创建"Sub_trigger"子装配体的阵列，勾选【同步柔性子装配体零部件的移动】复选框，结果如图 7-94 所示。

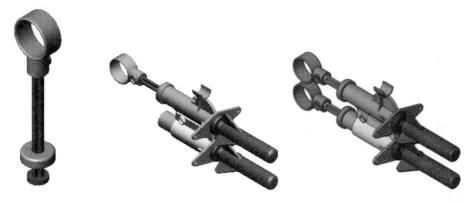

图 7-92　测试　　　　　　图 7-93　删除零部件　　　　　图 7-94　阵列柔性子装配体

步骤 12　宽度配合　打开源"Sub_trigger"子装配体，添加一个约束为【自由】的宽度配合，限制其运动范围，如图 7-95 所示。

标签参考

宽度参考

宽度参考

图 7-95　宽度配合

步骤 13　运动模拟　拖动一个"Pull Ring"零部件在运动范围内移动。

作为替代，可以使用动态碰撞检查。选择【移动零部件】/【碰撞检查】，确保勾选【碰撞时停止】、【高亮显示面】和【声音】复选框。

步骤 14　保存并关闭所有文件

231

练习7-3 柔性子装配体

创建一个有一定自由度的装配体，如图7-96所示。

本练习将应用以下技术：

- 柔性子装配体。

单位：in。

图7-96 柔性子装配体

步骤1 创建新装配体 使用"Assembly_IN"模板创建新装配体。命名为"Piston&ConnRod"，将其保存到文件夹 Lesson07 \ Exercises \ Flexible Subassemblies 中。

步骤2 插入零部件 在原点处添加零部件"Upper_Connecting_Rod"和"Lower_Connecting_Rod"，然后将其配合，并使之完全定义，如图7-97所示。

步骤3 插入"Piston_Head" 添加"Piston_Head"，配合到"Upper_Connecting_Rod"上端，在孔之间使用【同心】配合和【宽度】配合，如图7-98所示。

"Piston_Head"可以围绕中心轴自由转动。

标签参考

宽度参考

图7-97 插入零部件   图7-98 添加配合

步骤 4　打开装配体　打开装配体"Engine"，如图 7-99 所示。该装配体包含零部件"Crankshaft"，其已被固定在原点。

步骤 5　创建轴　打开零部件"Crankshaft"，使用上视和前视基准面为该零部件创建轴，如图 7-100 所示。返回到装配体。

图 7-99　装配体"Engine"

图 7-100　创建轴

步骤 6　浮动零部件　在装配体中【浮动】零部件，将零部件的右视基准面配合到装配体的右视基准面。另外，将零部件的新轴配合到装配体的前视和上视基准面。确保零部件是可以旋转的，如图 7-101 所示。

步骤 7　插入子装配体　插入子装配体"Piston&ConnRod"到主装配体，如图 7-102 所示。

步骤 8　添加配合　使用【同心】配合将子装配体配合到"Crankshaft"上。在"Piston_Head"的右视基准面和装配体的前视基准面之间添加【平行】配合，如图 7-103 所示。在"Piston_Head"和"Crankshaft"的侧边平面之间添加【宽度】配合。

图 7-101　浮动零部件　　　　　　　　　　　图 7-102　插入子装配体

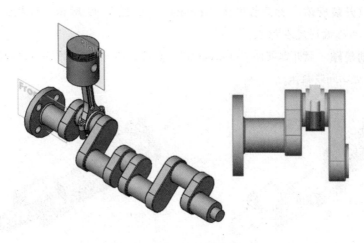

图 7-103　配合装配体

步骤9　**使子装配体成为柔性**　设置【求解为】为柔性，使子装配体"Piston&ConnRod"成为柔性装配体。

步骤10　**查看运动**　拖动"Crankshaft"查看装配体零部件的运动。

步骤11　**添加额外实例**　添加"Piston&ConnRod"子装配体的三个额外实例并使用柔性。

步骤12　**保存并关闭所有文件**

练习7-4　简化配置

本练习的任务是创建零件、子装配体和主装配体的简化配置。另外，创建新的子装配体并修改主装配体的结构。

本练习将应用以下技术：

- 简化配置。
- 提级或降级零部件。
- 使用零部件创建新的子装配体。

操作步骤

步骤1　**打开装配体**　打开 Lesson07 \ Exercises \ Simplified Configurations 文件夹下的"Compound Vise"装配体，如图7-104所示。

步骤2　**创建子装配体**　使用零部件"Compound Vise"创建三个子装配体。

- 子装配体"Base"（见图7-105）。
- 子装配体"Center"（见图7-106）。
- 子装配体"Vise"（见图7-107）。

图 7-104 "Compound Vise"装配体

图 7-105 子装配体"Base"

图 7-106 子装配体"Center"

图 7-107 子装配体"Vise"

> 提示 可以在创建子装配体时隐藏其他子装配体以便于选择。

步骤3 固定零部件 将"Base"子装配体固定在"Compound Vise"中。

步骤4 修改子装配体 打开子装配体"Vise",并固定"upper compound member",使用【阵列驱动零部件阵列】添加另一个"cap screw"实例,如图 7-108 所示。

步骤5 新建子装配体 打开子装配体"Base",利用零部件"lower plate < 1 >"和"cap screw < 1 >"创建另一个名为"base swing plate"的子装配体。固定"lower plate"并创建"cap screw"的零部件阵列,如图 7-109 所示。

图 7-108 修改子装配体

图 7-109 新建子装配体

235

步骤6 使用子装配体 在"Base"的两侧使用子装配体"base swing plate"删除多余的零件。

步骤7 相似操作 打开"Center"子装配体,固定"compound center member",在两侧分别添加子装配体"center swing plate",如图 7-110 所示。

步骤8　拖放零部件　拖放所有的四个零部件"locking handle"，使它们从子装配体移动到上层的装配体，如图 7-111 所示。

```
▶  🔧 (f) [ Base^Compound Vise
▶  🔧 (-) [ Center^Compound Vise
▶  🔧 (-) [ Vise^Compound Vise
▶  🔩 (-) locking handle<1>
▶  🔩 (-) locking handle<2>
▶  🔩 (-) locking handle<3>
▶  🔩 (-) locking handle <4>
▶  🔗 MateGroup1
```

center
swing
plate

图 7-110　添加子装配体　　　　图 7-111　拖放零部件

步骤9　简化配置　为每个零件创建名称为"Simplify_1"的配置，并压缩其所列的特征项（见表 7-8）。

表 7-8　简化配置

零 部 件	图 形	零 部 件	图 形
cap screw		lower plate	
Saddle		upper plate	
compound center member		tool holder	
locking handle		upper compound member	

提示　　【简化】命令可以为零件和装配体层级上的简化流程提供便利。在装配体层级使用它将会自动完成以下多个步骤。

为下列子装配体创建简化配置。创建一个装配体配置，命名为"Simplify_1"，并使用所有简化的零部件配置。

　提示　　如果使用了【简化】命令，则可以跳过以下步骤。

步骤 10　为底层子装配体创建配置　为底层的子装配体"base swing plate"和"center swing plate"创建配置。

步骤 11　子装配体　移动到上一层子装配体，重复上述步骤，为以下子装配体创建简化配置。

- 子装配体"Base"。
- 子装配体"Center"。
- 子装配体"Vise"。

步骤 12　顶层装配体　使用零部件及子装配体的配置，在顶层装配体中创建名为"Simplify_1"的简化配置。

步骤 13　保存并关闭所有文件　保持"Simplify_1"配置处于激活状态，保存并关闭装配体。

步骤 14　打开简化配置　使用【打开】对话框的【配置】列表打开装配体的"Simplify_1"配置。

步骤 15　创建新配置　使用【隐藏】和【显示零部件】创建两个新的显示状态，命名为"Base&Center"和"Center&Vise"，并将它们链接到"Simplify_1"配置，如图 7-112 所示。

图 7-112　创建新配置

步骤 16　保存并关闭所有文件

第8章 功能布局

学习目标

- 理解如何使用功能布局
- 从零件和装配体创建资产
- 使用磁力配合在装配体中连接资产

8.1 功能布局工具

功能布局工具可以用来布局大型工厂、办公室或者工业组件。它简化了大型互联组件（资产）的定位，取代了通常的配合工具，如图8-1所示。

可以将零部件发布为资产，并将连接点和地面基准面添加到零部件中，在两个资产之间创建磁力配合，通过连接点将资产连接起来，如图8-2所示。

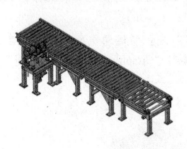

图 8-1 功能布局

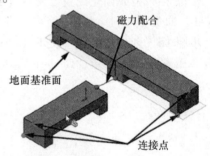

图 8-2 磁力配合

8.2 专业术语

功能布局中使用的术语包括：

1. 资产　零件或者装配体都可以发布为资产，资产包含一个已发布的参考特征。资产可以通过磁力配合插入和连接到其他资产中。

> 提示　用户可以从零件或装配体创建资产，本章将使用装配体来创建。

2. 已发布的参考特征　已发布的参考特征存在于零件或装配体中，包含一个地面基准面和一个或多个接头特征。它们保存为"地面基准面"和"接头（数字）"，如图8-3所示。

3. 地面基准面　地面基准面用来描述资产的表面如何连接到"地面"，通常设置资产的顶面或底面为地面基准面。用户可以创建多个地面基准面，但每次仅可以激活一个地面基准面。地面基准面距离选项可以设置与所选面的偏移距离，如图 8-4 所示。

4. 接头 接头用来描述资产与资产之间如何进行连接，以矢量箭头方式展现，如图 8-5 所示。

5. 磁力配合 在最近的接头之间形成磁力配合，用一条直线连接在接头之间。当资产的接头合并时，资产将被连接在一起，如图 8-6 所示。

已发布的参考
地面基准面
接头1
接头2
接头3

图 8-3　已发布的参考特征

图 8-4　地面基准面　　　　图 8-5　接头　　　　图 8-6　磁力配合

6. 磁力配合开关 【工具】菜单中的【磁力配合打开/关闭】决定了是否将磁力配合和资产一起使用。

操作步骤

步骤 1　打开装配体 打开 Lesson08 \ Case Study \ Facility Layout 文件夹下的装配体"conveyor"，如图 8-7 所示。

扫码看视频　　图 8-7　装配体"conveyor"

知识卡片	Asset Publisher	【Asset Publisher】将零件或装配体转换为可以与磁力配合一起使用的资产。【Asset Publisher】将创建一个已发布的参考特征，该特征通常包括一个地面基准面和一个或多个接头。
	操作方法	● 菜单：【工具】/【Asset Publisher】。

步骤 2　创建地面基准面 单击【Asset Publisher】，并选择底面作为【地面基准面】，如图 8-8 所示。

步骤 3　定义接头 单击【连接点】组框，并单击顶点作为连接点，然后单击面设置图 8-9 所示的连接方向，箭头方向可以反转。

步骤 4　添加接头 右键单击鼠标或者单击【添加接头】来添加接头并保留在对话框中，

"接头 1"特征添加完成，如图 8-10 所示。不再添加接头时，单击【确定】✓可以关闭对话框。

图 8-8　创建地面基准面

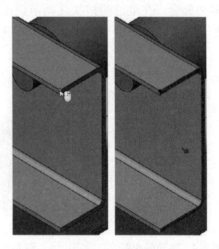

图 8-9　定义接头

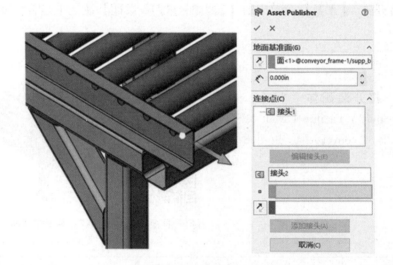

图 8-10　添加接头

步骤5　添加末端接头　使用相似的步骤在相反的位置添加"接头 2"，这将允许该资产的首端和末端都能与其他资产进行连接，如图 8-11 所示。

> **提示** 👆 当选择顶点创建接头时，连接点则为该顶点位置；当选择边线创建接头时，连接点则为边线的中点。

步骤6　添加侧边接头　在资产的底部，使用底边和一个面添加第三个接头，这将允许通过边线的中点与其他资产进行

图 8-11　添加末端接头

连接，如图 8-12 所示。

单击【添加接头】和【确定】 ✔ 。

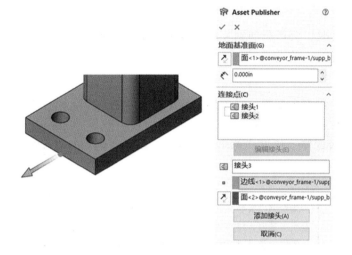

图 8-12 添加侧边接头

步骤7 查看接头 单击【已发布的参考】特征查看接头，如图 8-13 所示。

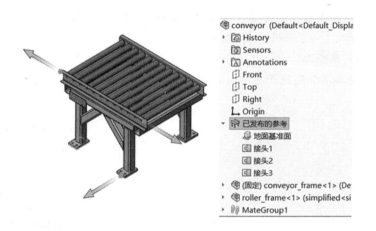

图 8-13 查看接头

提示

可以使用描述性的名称为接头重命名。

步骤8 保存装配体 保存但不关闭装配体。

8.3 添加资产到装配体

资产包含一个已发布的参考特征，可以使用磁力配合或常规方法将它添加到装配体中。使用什么方法取决于磁力配合是打开还是关闭。

- 当磁力配合关闭时，资产添加到装配体时与普通零部件没有区别，资产的信息，包括地面基准面与接头都被忽略。
- 当磁力配合打开时，资产添加到装配体时接头就会出现。资产将默认连接到地面基准面并捕捉最近的接头。这是默认的设置。

8.3.1 配置

资产可以拥有并使用多个配置，当添加到装配体中时需选择配置。

步骤9 新建装配体 使用"Assembly_MM"模板创建一个新装配体，命名为"Facility"。

知识卡片	添加地面基准面特征	地面基准面特征是那些资产附加的地面基准面，用来标识总装配体中的公共地面或者顶面，它可以是基准面，也可以是一个平面。 所有地面基准面特征都保存在 FeatureManager 设计树底部的"地面基准面"文件夹中，在文件夹中的地面基准面上右键单击并选择【激活】或者双击均可以激活它。
	操作方式	菜单：【插入】/【参考几何体】/【地面基准面】 ▱。

步骤10 创建地面基准面特征 单击【地面基准面】，选择上视基准面，确保箭头指向向上，单击【确定】 ✓，如图8-14所示。

步骤11 插入零部件 插入"conveyor"实例，选择默认配置，如图8-15所示，单击【确定】 ✓，将其添加到地面基准面上。一个重合的配合在零部件定义的地面与地面基准面之间创建。

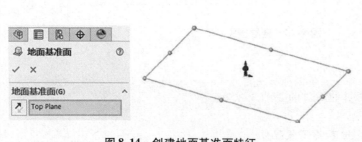

图8-14 创建地面基准面特征

图8-15 插入零部件

步骤12　添加其他配合　手动添加两个重合配合，将零部件的面与装配体的前视和右视基准面绑定在一起，从而完全定义自由度，如图 8-16 所示。

提示　　磁力配合只能在一对资产之间进行。

图 8-16　添加其他配合

8.3.2　使用磁力配合

拖动一个添加的资产围绕在静止资产的周围，磁力配合将捕捉最近的接头并生成一条连接线。在放置资产前，用户可以将资产从当前的磁力配合连接线分离，并移动连接到另一个资产。单击即可放置资产。

可以使用【插入装配体】或拖放操作将资产插入到装配体中。

8.3.3　箭头方向定位

接头的箭头方向用来定位资产。在公共接头位置上连接的接头方向是相对的，使用上面的磁力配合连接线，其结果取决于箭头的朝向。通常有多种连接选项，见表 8-1。

表 8-1　箭头方向定位

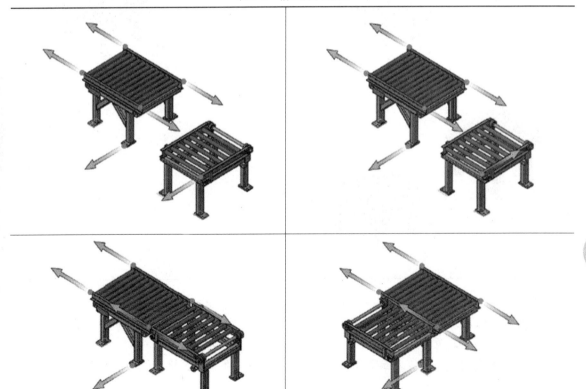

8.3.4 循环选择接头

当拖动资产时，利用键盘上的＜［＞和＜］＞键可循环切换接头的组合方式。＜［＞键对应移动资产的接头，＜］＞键对应静止资产的接头，见表8-2。

> **提示** 表8-2中的左侧零部件是静止资产。

表8-2 循环选择接头

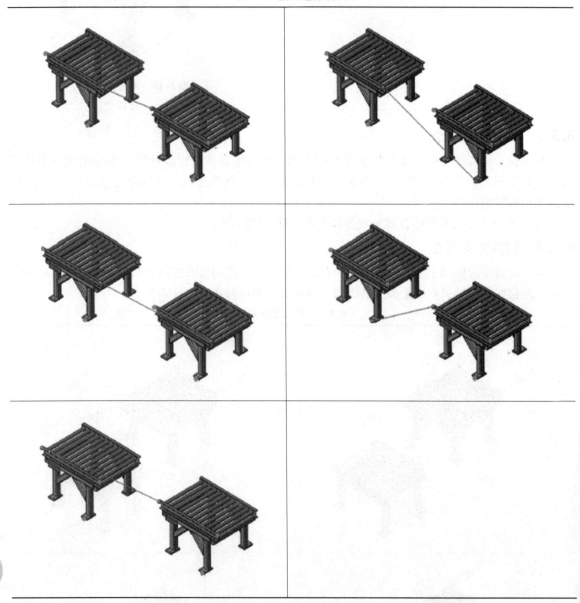

步骤13 使用磁力配合插入资产 单击【插入零部件】，选择"conveyor"装配体并勾选【图形预览】复选框。

拖动资产向接头移动，当磁力配合连接线出现后，单击放置资产，如图8-17所示。

此处添加了两个配合，一个是与地面基准面的重合配合，另一个是接头的磁力配合，如图 8-18 所示。

图 8-17　插入资产　　　　　　　　　　　图 8-18　重合配合与磁力配合

8.3.5　拖动资产

在磁力配合创建之后，资产仍然可以被拖动。磁力配合连接线类似橡皮筋，资产可以拖动到另一个接头位置或释放回原处，如图 8-19 所示。

如果添加资产时并没有创建连接，拖动资产靠近接头位置会激活接头，并创建磁力配合。单击【锁定配合】可以阻止拖动。

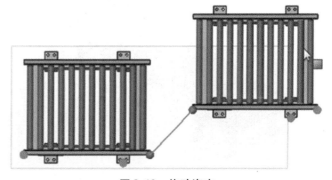

图 8-19　拖动资产

当磁力配合接头位置与地面基准面配合冲突时，地面基准面配合的优先级高于接头的磁力配合，会优先连接地面基准面，然后接头位置按投影对齐，如图 8-20 所示。

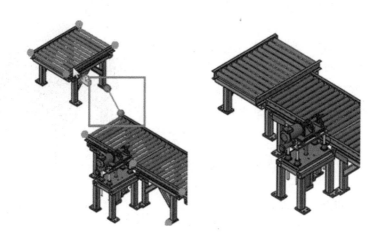

图 8-20　优先级图示

245

8.4 编辑资产

用户可以编辑现有的资产"conveyor"，添加或移除地面基准面或者接头。添加的接头和旋转的资产允许将"Mtg_Pl"零部件连接到装配体的另一侧，如图 8-21 所示。

8.4.1 编辑和删除接头

1）编辑接头。选择接头并单击【编辑特征】。单击【更新接头】保存修改。

2）删除接头。右键单击接头并选择【删除连接点】即可删除接头。地面基准面或特定接头可以用【编辑特征】直接编辑，如图 8-22 所示。

图 8-21 编辑资产

图 8-22 编辑和删除接头

步骤 14 访问"conveyor" 切换窗口访问打开的装配体"conveyor"。

步骤 15 编辑特征 右键单击【已发布的参考】并选择【编辑特征】。

步骤 16 添加接头 按本章步骤 3 的方法定义并添加两个接头，如图 8-23 所示。单击【确定】✔。

提示 资产的所有实例都将改变。

步骤 17 放置资产 返回到"Facility"装配体中，添加另一个"conveyor"资产并调整至图 8-24 所示位置，单击放置资产。

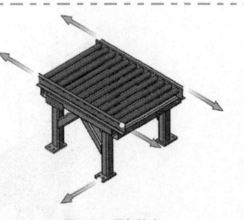

图 8-23 添加接头

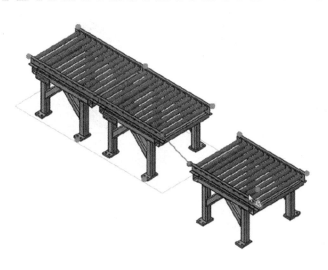

图 8-24　放置资产

提示　　现有资产都包含刚添加的接头。

8.4.2　连接不同资产

资产不仅可以连接自身实例，也可以使用类似的特性连接不同的资产。

下面将在已有的零部件中创建具有地面基准面和接头的新资产。创建前必须仔细研究与其他资产可用的连接。

步骤 18　打开装配体　打开 Lesson08 \ Case Study \ Facility Layout 文件夹下的装配体"Overturning Mechanism"，如图 8-25 所示。

步骤 19　创建地面基准面　单击【Asset Publisher】并创建地面基准面，如图 8-26 所示。

步骤 20　创建接头　使用图 8-27 所示的底部边线和面，添加一个接头，单击【确定】✓。

步骤 21　连接资产　返回到总装配体并按图 8-28 所示拖放资产"Overturning Mechanism"。

两个资产底面边线的中点连接在了一起，如图 8-29 所示。

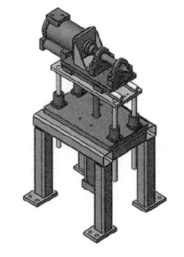

图 8-25　装配体"**Overturning Mechanism**"

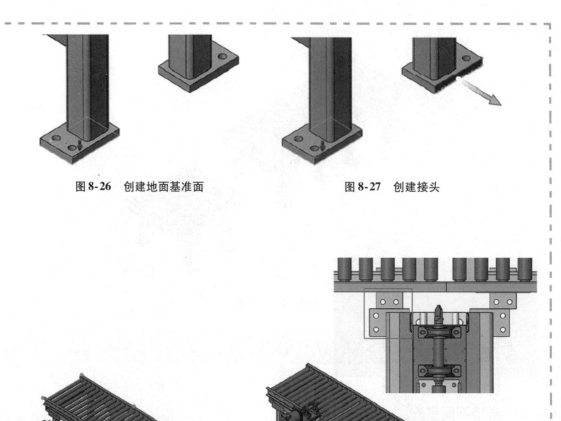

图 8-26　创建地面基准面　　　　　　图 8-27　创建接头

图 8-28　拖放资产到装配体　　　　　　图 8-29　连接资产

8.4.3　创建连接点几何体

　　现有零部件的几何体不一定适合直接创建地面基准面或接头，有时必须添加适当的几何体来创建连接，如图 8-30 所示。

　　本例将使用新的几何体创建一个允许运动的偏移距离。

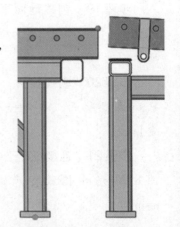

图 8-30　用其他几何体创建连接

步骤22　**打开装配体**　在同一个文件夹下打开装配体 "TILT"，如图 8-31 所示。

步骤23　**创建基准面**　如图 8-32 所示，创建一个偏移距离为 1in 的新基准面，命名为 "Offset 1inch"。

步骤24　**创建草图**　在刚创建的基准面上创建一个新的草图，并将模型边线转换实体引用到平面上，退出草图，如图 8-33 所示。

步骤25　**添加接头**　如图 8-34 所示，使用【Asset Publisher】添加地面基准面和接头，设置接头方向并隐藏草图。

图 8-31　装配体 "TILT"

如图 8-35 所示，接头位置与模型的几何体之间产生了一个间隙。

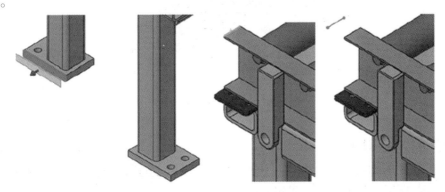

图 8-32　创建基准面　　　　　　　图 8-33　创建草图

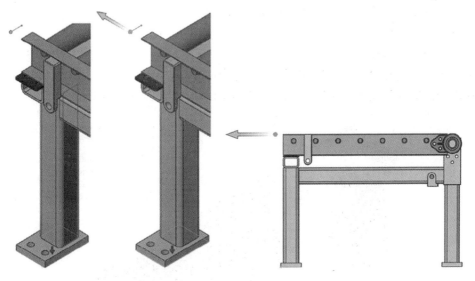

图 8-34　添加接头　　　　　　　图 8-35　接头与模型间隙

步骤26　**插入资产**　回到总装配体并插入资产 "TILT"，拖放至如图 8-36 所示的位置。

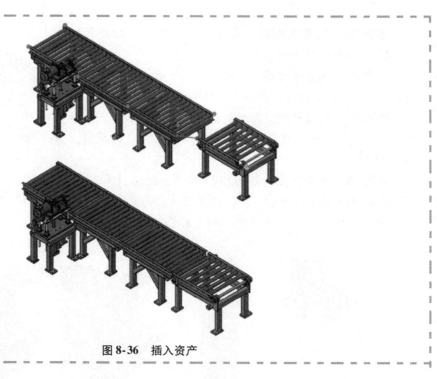

图 8-36　插入资产

8.4.4　资产的 SpeedPak

如果在【Asset Publisher】中勾选了【创建 Speedpak】复选框，将生成一个 SpeedPak 的派生配置，如图 8-37 所示。具体操作流程如下：

1）打开装配体"conveyor"。

2）编辑【已发布的参考】特征。

3）展开【选项】并勾选【创建 Speedpak】复选框。

4）打开顶层装配体"Facility"。

5）选择所有"conveyor"实例。

图 8-37　创建 Speedpak

6）右键单击并选择【Speedpak 选项】/【使用 SpeedPak】。

SpeedPak 配置将应用到每一个"conveyor"实例中，如图 8-38 所示。

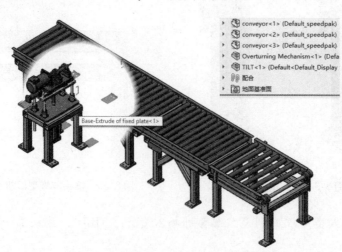

图 8-38　资产的 SpeedPak

提示 磁力配合可用于大型设计审阅模式。

步骤27 保存并关闭所有文件

练习 资产和磁力配合

创建并使用地面基准面、接头、磁力配合完成装配体，如图8-39所示。

本练习将应用以下技术：

- Asset Publisher。
- 地面基准面特征。
- 磁力配合。
- 循环选择接头。

单位：mm。

图8-39 办公室资产

操作步骤

打开每一个零部件添加已发布的参考特征（包括地面基准面和接头），创建资产。

步骤1 设置转角办公桌 打开 Lesson08 \ Exercises \ Magnetic Mates 文件夹下的装配体"corner desk assembly"。创建如图8-40所示的地面基准面和接头。

 提示 每一个接头都是使用顶部边线与紧邻的面来设置的，如图8-41所示。

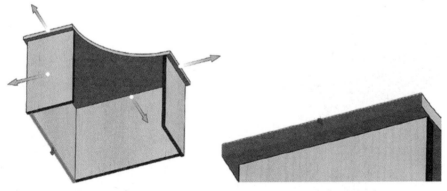

图8-40 设置转角办公桌   图8-41 设置接头

步骤2 设置长方形桌子 打开相同文件夹下的装配体"Rectangular Desk"。如图8-42所示，倒置桌子，设置底面为地面基准面。一个接头使用桌子的顶部边线和紧邻的面设置，另一个接头使用顶点和紧邻的面设置。

步骤3 设置抽屉柜 打开"LargeDrawers"零件，按图8-43所示设置地面基准面和接头。

步骤4 设置椅子 打开零件"Chair"并创建如图8-44所示的基准面。

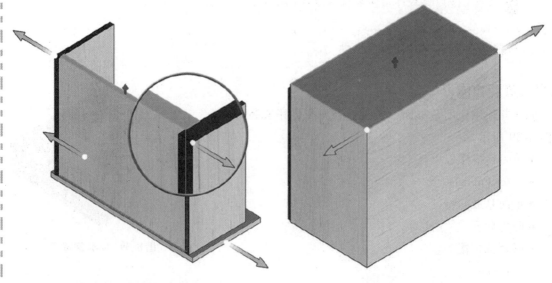

图 8-42　设置长方形桌子　　　　　图 8-43　设置抽屉柜

 注意　　"Chair" 只设置地面基准面不设置接头。

步骤 5　新建装配体　使用 "Assembly_MM" 模板创建一个新的装配体，命名为 "Work_Area"。

步骤 6　设置地面基准面特征　使用上视基准面为装配体创建一个地面基准面特征，如图 8-45 所示。

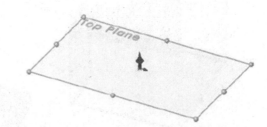

图 8-44　设置椅子　　　　　图 8-45　设置地面基准面特征

252

步骤 7　插入装配体　插入 "corner desk assembly"，并添加前视和右视基准面的重合配合，完全定义零部件，如图 8-46 所示。

步骤 8　磁力配合　如图 8-47 所示，使用磁力配合连接 "Rectangular Desk" 和 "corner desk assembly"。

如图 8-48 所示，添加剩余的资产，在需要的时候可以使用键盘快捷键在连接点之间循环选择。"Chair" 仅被固定在地面基准面上，可以在地面上随意移动。

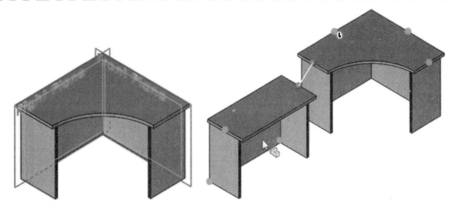

图 8-46 插入装配体   图 8-47 磁力配合

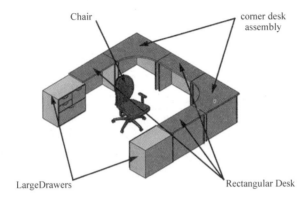

图 8-48 添加剩余的资产

步骤9 保存并关闭所有文件